美味不长胖：每日一沙拉

甘智荣 主编

四川科学技术出版社

图书在版编目（CIP）数据

美味不长胖:每日一沙拉/甘智荣主编. -- 成都 :
四川科学技术出版社, 2017.10
ISBN 978-7-5364-8810-6

Ⅰ. ①美… Ⅱ. ①甘… Ⅲ. ①沙拉一菜谱 Ⅳ.
①TS972.118

中国版本图书馆CIP数据核字(2017)第255479号

美味不长胖：每日一沙拉

MEIWEI BUZHANGPANG MEIRI YI SHALA

作　　者　甘智荣
出 品 人　钱丹凝
策划编辑　深圳市金版文化发展股份有限公司
责任编辑　梅红
责任出版　欧晓春
摄影摄像　深圳市金版文化发展股份有限公司
封面设计　深圳市金版文化发展股份有限公司
出版发行　四川科学技术出版社
　　　　　成都市槐树街 2 号　邮政编码 610031
　　　　　官方微博：http://weibo.com/sckjcbs
　　　　　官方微信公众号：sckjcbs
成品尺寸　173mm×243mm
印　　张　12　　字数　120 千
印　　刷　深圳市雅佳图印刷有限公司
版　　次　2018 年 1 月第 1 版
印　　次　2018 年 1 月第 1 次印刷
定　　价　39.80 元
ISBN　978-7-5364-8810-6

邮购：成都市槐树街 2 号　邮政编码：610031
电话：028-87734035　电子信箱：sckjcbs@163.com

序言

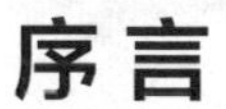

总有一些人，不管吃多少、吃什么，他就是没有变胖；而有的人喝水也会长肉。但是保持标准的体重才是健康的基础。大家都知道瘦身的方法之一为“少吃、多动”，但执行起来却不简单。其实，“少吃”是很有技巧的，“只要你了解食物，就能吃得有饱腹感、营养且含低热量，这样就能轻松瘦身”。

每天一餐沙拉可以作为你的餐单选择，无论早、中、晚的任意一餐，用沙拉替代，能够为身体减去多余的热量摄取，不仅身材会变得越来越苗条，就连皮肤也会越来越年轻，脂肪离开了身体，能让你重新恢复活力与自信。

CONTENTS 目录

美味健康

——制作沙拉前的准备事项

低卡路里

——自制风味新意沙拉酱

第3章

清新晨间

——让你元气满满的沙拉

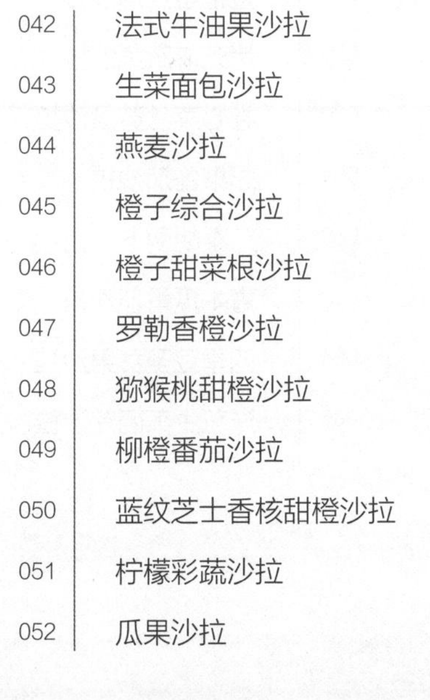

丰盛午餐
——即使上班也能带着走

温馨晚安

——晚餐要适量才是正道

第1章

美味健康
——制作沙拉前的准备事项

水果、蔬菜该怎么搭配？
什么食材可以生食？
吃什么才不会长肉？
吃沙拉真的能瘦吗？
动手做沙拉前，
先来了解一下沙拉吧！

Part 1 怎么吃才可以不长胖

提起美食，总是让人又爱又恨：爱的是它的好吃，让人不免一口接一口；恨的是它的热量，吃多少，长多少，就连喝水也会长胖！所以减肥、瘦身、不长胖这些总是离不开我们的生活。到底要怎么吃才能不长胖呢？

1. 让人惊讶的错误饮食瘦身法

有些瘦身法如“水果瘦身法”“只吃肉不吃淀粉”等，因为网络渲染或名人话题制造，总是引起一窝蜂地仿效风潮。其实这些方式都是营养不均衡、会伤害人体代谢机制的错误饮食瘦身的方法。

水果瘦身法只摄取糖类和部分维生素及矿物质，在长期缺乏蛋白质及脂肪的状况下，会造成人体内分泌失调（如女性的生理期失调）。至于只吃肉类不吃淀粉的瘦身法更是糟糕，因为这样会让身体的酮酸增加，当酮酸过多时容易出现脱水的现象。吃肉瘦身法还会增加心血管疾病的罹患率，所以强烈不建议。

错误饮食减肥法对身体所造成的不良影响：

心血管疾病危机：只吃肉不吃淀粉

食用大量肉类而不吃淀粉类让人体产生大量酮酸，使得食欲下降、进食量减少、腹泻、脱水，造成体重下降的假象，但酮酸中毒会让血中的胆固醇上升，容易造成心脏病、肾病等并发症。

代谢异常危机：水果瘦身法

利用水果的纤维增加饱足感，因为只吃水果，热量相较于淀粉类或肉类更低而达到瘦身目的，但因蛋白质、脂肪不足，容易造成身体代谢异常。

体重反升危机：减少餐次法

一天只吃一餐或是两餐，会造成空腹时间拉长，而且肠胃道对营养的吸收状况反而更好，如果热量摄取控制不佳的话，体重会不降反升。

营养不良危机：蔬菜瘦身汤

一整天只吃蔬菜汤，虽然低热量，但缺乏蛋白质，易造成严重营养不良，长期下来甚至引起代谢异常。如果将蔬菜汤取代某一餐，而另外两餐仍为均衡低油饮食，这样较为适当。

吃过多加工食品危机：吃素瘦身法

素食者的蛋白质来源为豆制品或面制品，其实热量跟肉类是差不多的，且素食加工食品多为高脂、高糖食品，吃多了反而容易肥胖。吃素时应选择天然食材，不过度摄取加工食品才是正确的。

代谢并发症危机：减肥茶或减肥糖

通常此类食品可能含有利尿剂会让身体脱水，甚至含有不明药物，让人体代谢加速，一旦停用后，体重很容易复胖，且会造成许多代谢性的并发症。

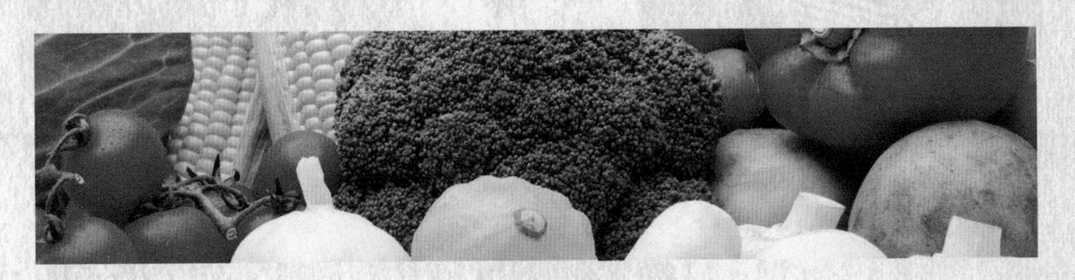

2. 为什么以沙拉代餐

瘦身、减肥、不长胖一直是广大女性离不开的话题，而现在越来越注重健康减肥的潮流，更是刮起了一阵旋风。在演艺明星圈子里，沙拉代替正餐正被广泛流传。食用健康的果蔬沙拉竟然可以达到辛苦减肥瘦身的目的，实在值得我们学习。

权威机构研究表明：肥胖者的体内大多偏酸性，而真正的好身材好比例，没有过剩的脂肪含量，这类人的体质是偏碱性的。改变肥胖者的体质是解决肥胖的根本途径。这也就解释了为什么很多人减肥屡减屡败、越减越肥了，因为大部分人在辛苦一周后最佳的放松方式就是好好做一顿美食犒劳自己！所以在热量的摄取中，又不知不觉地食用过量。因此，我们更应该注重营养和美味的搭配，周末的大餐一定不能只是大鱼和大肉，而一道健康可口的蔬菜沙拉就是绝妙的营养美味。

把每天一餐自制健康低脂的沙拉当成时尚瘦身的新宠，不仅是为了苗条身材，更是一种时尚的生活方式。只要坚持，不仅身材会越发苗条，皮肤也会越来越年轻，给所有女性朋友带来了清爽、活力和自信。

3. 算出适合自己的平衡热量，你就不会发胖

每个人每日所需要的热量标准都不一样，不是每个人都吃 1200 千卡卡路里的食物就不会长胖，当然也不是热量越低越好。例如：身高 160 厘米，体重 60 千克的 28 岁女护士，每日摄取 1400 千卡就会达到瘦身、不长胖的效果；但是 1400 千卡对于身高 160 厘米、体重 60 千克的 40 岁家庭主妇来说，可能就没有效果了。因为年龄、活动量等因素的差异，都会影响热量消耗的情况。因此对于家庭主妇来说，她的活动量可能小于女护士，且年龄较大、代谢较慢，所以她的平衡热量可能必须要降到 1200 千卡以下才会有瘦身效果。这也就是我们必须算出个人的“平衡热量”才能不长胖的原因。

人体每日所消耗的热量就代表所需要的热量，如同汽车加多少的汽油量就可行走多少里程一样。成人消耗的热量主要利用在三方面：基础代谢、活动、食物产能。因此总消耗热量 = 基础代谢量 + 活动量 + 食物产热。也就是说，体重控制和能量代谢有关。当你每日所消耗的热量刚好能抵消所摄取的热量时，就代表达到热量平衡，身体便不会发胖。

热量平衡 ＝ 摄取的热量 － 消耗的热量 ＝ 0

根据能量不灭定律，能量不会无中生有，也不会平白消失，但是能量可以转换，由一种形式转变成另一种形式。人体利用摄取食物来产生能量，过多未消耗的能量转变成脂肪储存起来，摄取过多的热量便会使体重增加。

平衡热量计算公式

我们知道热量摄取与体重变化的关系后，就能了解瘦身时限制热量的重要性。如果我们摄取的热量比消耗量低的话，就可以达到瘦身效果。以下简单介绍“体重计算法”“基础代谢率（BMR，Basal Metabolic Rate）计算法”两种方法，让大家可以简单计算出自己的“平衡热量”。

体重计算法：将每日需求热量减掉 500~1000 千卡即可

先算出自己的每日需求热量（也就是你每天可能消耗的热量）。

每人每日需求热量＝目前体重（kg）X 活动系数（kcal）

工作程度	工作内容	活动系数
轻度	家务或办公桌工作（学生、上班族、售货员等）	30
中度	需经常走动但不粗重的工作（保安、护士、服务生等）	35
重度	挑石、搬运等粗重工作（运动员、搬家工人、务农等）	40

接下来将算出的每日需求热量，再减去 500~1000 千卡，即可得到瘦身热量。

例如

身高 170 厘米、体重 80 千克的上班族小陈，开车上下班，无运动习惯，属于轻度工作者，故他的每日需求热量：

80 × 30 ＝ 2400 千卡，也就是如果小陈每日摄取 2400 千卡，则可维持目前 80 千克的体重。

瘦身热量＝每日需求热量减少 500~1000 千卡热量，因此：2400 － 500 ＝ 1900 千卡，2400 － 1000 ＝ 1400 千卡。

所以，小陈瘦身热量可以设为 1400~1900 千卡。

想要减去 1 千克的脂肪，就必须要减少 7700 千卡的热量，因此以每天降低 500 千卡热量的饮食控制方式减肥，大约每周可瘦下 0.5 千克，而且没有复胖的疑虑。

使用体重计算法比较简易，但如果想要区分性别、年龄等不同的因子，可使用基础代谢率（BMR）计算法。

基础代谢率（BMR，Basal Metabolic Rate）计算法

因为人体消耗的热量＝基础代谢量＋活动量＋食物产热，所以当我们每日摄取热量只达到基础代谢量时，每日活动量与食物产热的热量就会多出来，达成负平衡（摄取的热量 < 消耗的热量），所以体重会逐渐减轻。因此我们可以直接用基础代谢率当做每日

瘦身热量。公式如下：

基础代谢率（BMR）=
男性：66 +（13.7 × 体重（千克））+（5 × 身高（厘米））-（6.8 × 年龄）
女性：655 +（9.6 × 体重（千克））+（1.7 × 身高（厘米））-（4.7 × 年龄）

例如

身高 170 厘米、70 千克的 40 岁男性：
66 ＋（13.7 × 70）＋（5 × 170）－（6.8 × 40 岁）
基础代谢率：1603 千卡
故瘦身热量可以设为 1603 千卡。

例如

身高 160 厘米、55 千克的 40 岁女性：
655 ＋（9.6 × 55）＋（1.7 ×160）－（4.7 ×40 岁）
基础代谢率：1267 千卡
故瘦身热量可以设为 1267 千卡。

4. 分配三餐的热量——照着目标吃，瘦下来可以变得很简单

将计算出来的瘦身热量，按照三餐习惯去分配热量：

假设计算出来的瘦身热量一天是 1267 千卡，分成三餐的热量为：

早餐	午餐	晚餐
300 kcal	500 kcal	500 kcal

或是依照生活习惯不同（例如你很早吃早餐，早上需要多一点热量），也可分为：

早餐	午餐	晚餐
450 kcal	450 kcal	400 kcal

只要三餐按照这个目标热量去吃，就可以维持适当的热量啦！

Part 2 制作沙拉的常用食材

蔬果类

欧芹

欧芹原产于地中海沿岸，含有大量的铁、维生素 A 和维生素 C，是一种香辛叶菜类，西餐中用应较多，多作冷盘或菜肴上的装饰，也可作香辛调料，还可供生食。

生菜

分为绿叶生菜和紫叶生菜两种，生鲜脆嫩，味道略甜；具有丰富的膳食纤维，有消除多余脂肪的作用，但是胃寒和尿频的人应少食。

香菇

香菇是高蛋白、低脂肪和多种维生素的菌类食物，含有丰富的食物纤维，经常食用能降低血液中的胆固醇，但脾胃寒湿气滞和顽固性皮肤瘙痒患者不宜食用。

卷心菜

卷心菜是四季佳蔬。德国人认为，卷心菜才是菜中之王，能治百病。西方人用卷心菜治病的“偏方”，就像中国人用萝卜治病一样常见。

紫甘蓝

紫甘蓝色泽艳丽、营养丰富，是很受欢迎的一种蔬菜。这种蔬菜还能够给人体提供一定数量的具有重要作用的抗氧化剂，因而备受人们的欢迎。

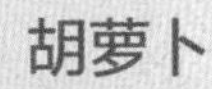

胡萝卜

由于胡萝卜中的维生素 B_2 和叶酸有抗癌作用，经常食用可以增强人体的抗癌能力，所以它被称为“预防癌症的蔬菜”。

黄瓜

黄瓜最好不要选择高温烹饪，这样会流失很多营养元素，会导致人们吸收到的营养减少，所以用黄瓜来做沙拉的食材是最佳的选择。

西蓝花

西蓝花中的营养成分十分全面，主要包括蛋白质、碳水化合物、脂肪、矿物质、维生素 C 和胡萝卜素等。

彩椒

彩椒是甜椒中的一种，因色彩鲜艳、多色多彩而得名，是颇受欢迎的点缀、搭配型食材。它富含多种维生素及微量元素，不仅可改善黑斑及雀斑，还有消暑、补血、消除疲劳、预防感冒和促进血液循环等功效。

芹菜

芹菜是高纤维食物，它经肠内消化作用产生一种叫木质素或肠内脂的物质，这类物质是一种抗氧化剂，高浓度时可抑制肠内细菌产生的致癌物质。

白玉菇

白玉菇是一种珍稀食用菌，通体洁白，晶莹剔透，菇体脆嫩鲜滑，清甜可口，是极具品味的美味佳肴！它含有的蛋白质较一般蔬菜高，还有多种微量元素等人体必需物质，经常食用会改善人体的新陈代谢，降低胆固醇含量。

洋葱

洋葱有特殊的香辣味，能增进食欲，还有着强有力的防癌功效，主要来自于它含有的硒元素和槲皮素。

土豆

土豆含有丰富的膳食纤维，有助促进胃肠蠕动，疏通肠道。从营养角度来说，它比大米、面粉具有更多的优点，能供给人体大量的热能，可称为“十全十美的食物”。

玉米

玉米有“长寿食品”的美称，不仅是人类粮食的主要来源，现已成为一种热门的保健食品，经常出现于餐桌上，并风靡以食物精细著称的欧美世界。

荷兰豆

荷兰豆的嫩梢、嫩荚、籽粒，质地细嫩、清香，极为人们所喜食。经常食用对脾胃虚弱、小腹胀满、呕吐泻痢、烦热口渴均有疗效。

苹果

苹果含丰富的营养，是世界四大水果之冠。它不仅是低热量食物，而且营养成分可溶性大，易被人体吸收，还富含果胶，有止泻的作用。

猕猴桃

猕猴桃的质地柔软，口感酸甜，是营养丰富、风味鲜美的水果。猕猴桃含糖量低，也是瘦身不长胖的食材好选择。

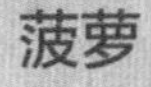

菠萝

菠萝营养丰富，尤其以维生素 C 含量最高。它不仅可以减肥，而且对身体健康有着上佳的功效。

草莓

草莓外观呈心形，鲜美红嫩，果肉多汁，含有特殊的浓郁水果芳香。经常食用草莓对防治动脉硬化和冠心病有益处。

火龙果

火龙果营养丰富、功能独特，含有一般植物少有的植物性白蛋白及花青素、丰富的维生素和水溶性膳食纤维，味甜多汁。

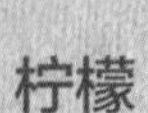

柠檬

柠檬中含有丰富的柠檬酸，因此被誉为“柠檬酸仓库”。因为味道特酸，一般只用作调味与配餐。因内含丰富的钾、钠，所以柠檬是碱性食物，有利于调节人体酸碱度。

香蕉

含钾元素丰富的香蕉是水果中排名第一的“美腿高手”，能帮助伸展腿部肌肉和预防腿抽筋，使腿部得到缓解。

蓝莓

蓝莓果实中含有丰富的营养成分，不仅具有良好的营养保健作用，还具有防止脑神经老化、强心、抗癌软化血管、增强人机体免疫等功能。

橙子

橙子富含多种有机酸、维生素，可调节人体新陈代谢，对老年人及心血管病患者十分有益。

番茄

番茄含有丰富的胡萝卜素、番茄红素，具有抗氧化的功能。食用时，口感肉厚，味道沙甜，汁多爽口，制作沙拉时适宜生食。

梨

梨中含有大量的维生素 A、胡萝卜素、蛋白质、糖类、钙、磷，具有降压、清热、镇静的作用，对心脏病、头晕目眩耳鸣都有很好的治疗效果。

芒果

芒果因其果肉细腻、风味独特，深受人们喜爱，素有“热带果王”的誉称。它所含有的维生素 A 特别丰富，是所有水果中少见的。维生素 C 含量也不低。

西柚

西柚含维生素C等非常丰富，是含糖分较少的水果，瘦身人士的餐单都少不了它。要注意的是：高血压患者不宜食用，因为一些常用的降血压药物可能与西柚汁产生相互作用，引起不良反应。

西瓜

西瓜含有大量的水分，是一种可以滋身补体的水果。西瓜肉中含有极高量的维生素A、维生素B和维生素C，而这些全部是保持肌肤健康和润泽所必需的养分。

葡萄

葡萄含丰富的维生素、矿物质和类黄酮。类黄酮是一种强力抗氧化剂，可抗衰老，并可清除体内自由基。葡萄还含有一种抗癌微量元素（白藜芦醇），可防止健康细胞癌变，阻止癌细胞扩散。

番石榴

番石榴的肉质非常柔软，肉汁丰富，味道甜美，爽口舒心，含有大量的钾、铁、胡萝卜素等，营养极其丰富，还是著名的瘦身水果。

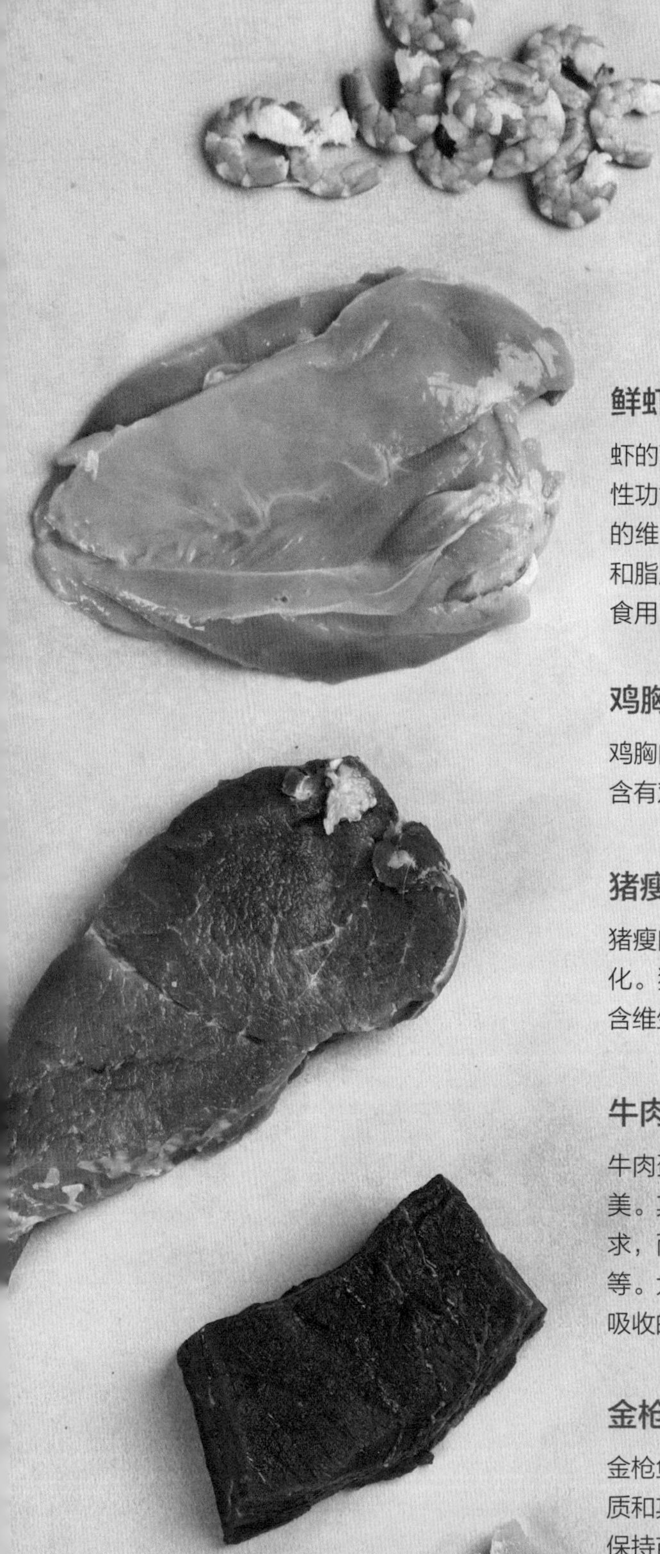

肉类

鲜虾仁

虾的营养价值极高，能增强人体的免疫力和性功能，补肾壮阳，抗早衰。它还含有大量的维生素 B_{12}，同时富含锌、碘和硒，热量和脂肪较低。注意：胆固醇偏高者不可过量食用。

鸡胸肉

鸡胸肉蛋白质含量较高，易被人体吸收利用，含有对人体生长发育有重要作用的磷脂类。

猪瘦肉

猪瘦肉所含营养成分丰富，且较肥肉更易消化。猪瘦肉的维生素 B_1 含量相当高，不过含维生素 A 却很少。

牛肉

牛肉蛋白质含量高，而脂肪含量低，味道鲜美。其中含有的氨基酸组成更适合人体的需求，而且含有较多的矿物质，如钙、铁、硒等。尤其铁元素含量较高，并且是人体容易吸收的动物性血红蛋白铁。

金枪鱼

金枪鱼肉低脂肪、低热量，还含优质的蛋白质和其他营养素，食用金枪鱼食品不但可以保持苗条的身材，而且可以平衡身体所需要的营养，是现代女性轻松减肥的理想选择。

干果类

核桃

核桃仁含有丰富的营养素，包括人体必需的钙、磷、铁等多种微量元素和矿物质等，对人体有益，是深受老百姓喜爱的坚果类食品之一。

燕麦

燕麦是一种低糖、高营养、高能食品，具有抗氧化、增加肌肤活性、延缓肌肤衰老、美白保湿、减少皱纹色斑、抗过敏等功效。

杏仁

杏仁味道微甜、细腻，多用于食用，具有润肺、止咳、滑肠等功效。杏仁富含蛋白质、胡萝卜素、B 族维生素、维生素 C 及钙等营养成分。其中胡萝卜素的含量在果品中仅次于芒果，人们将其称为“抗癌之果”。

葡萄干

葡萄干肉软清甜，营养丰富，还含有多种矿物质和维生素、氨基酸，常食对神经衰弱和过度疲劳者有较好的补益作用。

第2章

低卡路里
——自制风味新意沙拉酱

酱汁的多样化，
给予了沙拉的多变性。
一道沙拉吃腻了？
那就换道酱汁再试试吧！
出奇的新意，
给你带来新风味。

百搭蛋黄沙拉酱

风味特点：酱汁浓郁，奶香十足

蛋黄酱源自欧洲，含有极高的热量，如果多吃会对健康造成危害。市面上大部分沙拉酱都添加了大量的油脂，导致其中所含热量越来越多。想要瘦身不长胖，赶紧动手自己制作低脂又美味的蛋黄酱吧！

热量：271 kcal/100 ml	建议使用分量：54 kcal/20 ml

【食材】

蛋黄 1 个，植物油 200 毫升，柠檬汁 25 毫升，糖粉 25 克

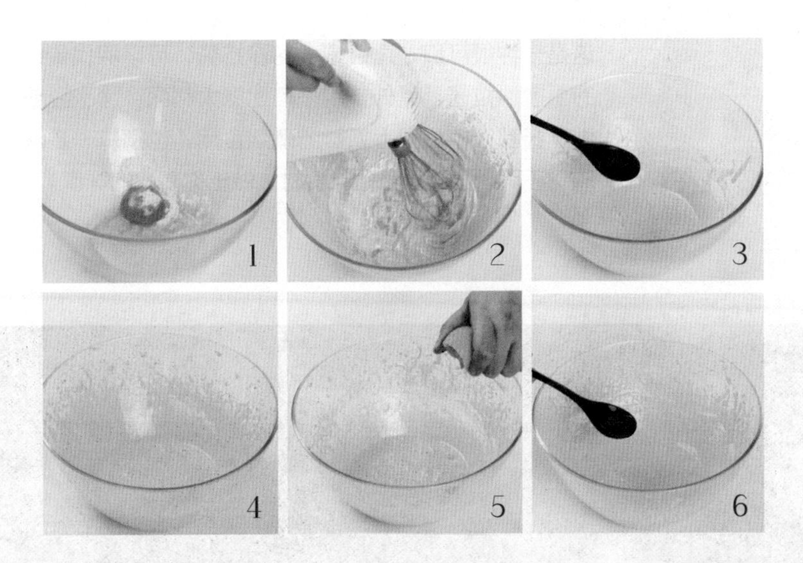

【做法】

1 蛋黄中加入糖粉，用打蛋器打发至蛋黄的体积膨胀、颜色变浅，呈浓稠状。

2 加入少许玉米油，并用打蛋器搅打，使油和蛋黄完全融合，充分乳化。

3 少量多次加入油，边加边用打蛋器搅拌。随着油一点点加入，蛋黄会变得越来越浓稠。

4 当加了六七十毫升油的时候，蛋黄糊已经变得像酱料般的浓稠状。

5 这时加入一小勺柠檬汁进去，搅拌均匀。加入柠檬汁以后，碗里的酱会变得稀一些。

6 重复少量多次添加油并搅拌这一个过程，随着油的继续添加，酱又重新变得浓稠起来。当酱变得比较浓的时候再添加一点柠檬汁。重复这个过程，直到油和柠檬汁都添加完，搅拌完成，沙拉酱就做好了。

Tips

●沙拉酱里使用的植物油，我们可以选择淡色无味的玉米油、葵花籽油等，也可以选择健康的橄榄油。不要选花生油、山茶油之类味道重的油，会使沙拉酱味道不纯（橄榄油也有较特殊的味道，如果不能接受这种味道的，请慎用橄榄油）。

豆腐凯撒酱

风味特点：豆香浓郁，新鲜顺滑

这是一种很可口、适合素食的沙拉酱，可以取代传统的凯撒沙拉酱。另外，用来搭配意大利面、烤土豆或做蘸酱都很棒！配上新鲜的蔬菜食用，也别有一番滋味，还可以适当增添香料食材，做出你喜欢的味道。

热量：103 kcal/100 ml	建议使用分量：21 kcal/20 ml

【食 材】

内酯豆腐 3 份，柠檬 1 份，蒜半颗，欧芹少许，帕玛森芝士少许

【做 法】

1 内酯豆腐切成小块，放入榨汁机中搅碎。
2 蒜切成蒜末。
3 欧芹切碎。
4 将蒜末、欧芹碎放入豆腐中，混合均匀成豆腐凯撒酱。
5 在拌匀的豆腐凯撒酱中挤入柠檬汁，并搅拌均匀。
6 将帕玛森芝士切碎，放入酱料中，混合均匀即可。

Tips

●豆腐搅碎的时候可以添加些酸奶，口感会更好。

希腊风味酸奶酱

风味特点：奶香浓郁，解油不腻

这款酸奶沙拉酱源自于希腊，可用无盐饼干、法棍面包蘸取食用；与水果同食，可增添风味；拌在沙拉中，搭配肉类或海鲜，可以消除厚重的油腻感。

热量：167 kcal/100 ml	建议使用分量：33 kcal/20 ml

【食材】

低脂酸奶 3 份，脱脂牛奶 1 份，小葱、罗勒叶、欧芹、迷迭香、薄荷各适量，盐少许

【做法】

1 小葱切葱花。
2 罗勒叶、欧芹、迷迭香、薄荷分别切碎。
3 将葱花、罗勒叶碎、欧芹碎、迷迭香碎、薄荷碎放入碗中混合均匀。
4 加入低脂酸奶与脱脂牛奶。
5 搅拌均匀。
6 加入少许盐，拌匀即可。

Tips

●如果喜欢味道更浓烈些的，可以添些蒜末、洋葱碎进去，以增加风味。

日式芝士酱

风味特点：奶香浓郁，风味可口

有着浓郁的奶香味，不论是夹面包还是沾薯条或者是拌沙拉都会让食材增色不少！偏咸的味道让人胃口大开，与生鲜沙拉一起食用能够很好地融合在一起，清爽的沙拉能解除芝士的腻。虽然热量不高，但也不要多吃喔！

热量：93 kcal/100 ml	建议使用分量：19kcal /20 ml

【食材】

芝士2片，生抽3毫升，盐2克，黑胡椒粉2克，椰子油2毫升

【做法】

1 将芝士片装碗。
2 放入微波炉中加热30秒至融化。
3 取小碗放入生抽、盐、黑胡椒粉、椰子油拌成味汁。
4 将拌好的味汁倒入融化的芝士中，搅拌均匀即可。

Tips

●用微波炉加热芝士片时需要注意火候，温度过高很容易烟掉。

塔塔酱

风味特点：浓郁微酸，可口解腻

塔塔酱又名“鞑靼式沙拉酱”，常用来搭配海鲜类的油炸物、生菜或无盐饼干，拌入沙拉中同样滋味十足。此款酱料中加入了胡萝卜、酸黄瓜等食材，不仅丰富了塔塔酱的口感，更为塔塔酱增添了风味。

热量：353 kcal/100 ml	建议使用分量：71 kcal/20 ml

【食材】

胡萝卜 20 克，酸黄瓜 20 克，鸡蛋 1 个，欧芹适量，沙拉酱 40 克，白葡萄酒 5 毫升，柠檬汁 5 毫升，盐少许，黑胡椒碎 3 克

【做法】

1 鸡蛋放入锅中，煮 10 分钟至熟，晾凉后，剥壳，取出蛋黄，压碎。
2 胡萝卜洗净去皮，切碎。
3 酸黄瓜切碎。
4 欧芹洗净后切碎。
5 将切碎的材料放入大碗里。
6 加入沙拉酱、柠檬汁、白葡萄酒、盐、黑胡椒碎，拌匀即可。

Tips

●酱料要有一定的厚度，可以适当地加入少许辣椒粉，更添风味。

经典墨西哥莎莎酱

风味特点：味道酸甜，清新可口

但凡试过墨西哥菜的，对墨西哥莎莎酱不会陌生。莎莎酱原意为酱汁，它是一种神奇的调味料，使原本不易搭配的食材很好地融合在一起。在莎莎酱中，最普遍最著名的就是墨西哥番茄莎莎酱，因为番茄莎莎酱的制作过程中只加少许盐和辣椒粉调味，堪称减肥人士的好伴侣。

热量：75 kcal/100 ml	建议使用分量：15 kcal/20 ml

【食 材】

番茄 450 克，洋葱 125 克，红甜椒 60 克，大蒜 7 瓣，香菜 3 棵，盐 3 克，黑胡椒 2 克，柠檬半个，橄榄油 23 毫升，辣椒粉适量

【做 法】

1 番茄、洋葱、香菜、大蒜、红甜椒都切成小丁，在碗中混合。
2 辣椒粉少量多次地加入，每次加入都充分混合，并且时不时地尝一下，以调整到最适合自己的口味。
3 挤入柠檬汁，加盐和黑胡椒，同样是少量多次加入，以便调整口味。
4 加入橄榄油，搅拌均匀。
5 将拌匀的材料放入搅拌机中搅打均匀。
6 将搅打好的酱倒入容器中，即可完成。

Tips

●做好莎莎酱后，可以直接吃，但更好的方法是在冰箱中放上两三个小时、稍微腌渍之后再吃，这样各种蔬菜和香料的汁液和味道会得到更充分的混合。

●自制的莎莎酱要特别注意储存方法。在冷藏室的保鲜期只有两三天，所以不妨分成小份，放在密封玻璃瓶中冷冻保存。

日式烤芝麻沙拉酱

风味特点：芝麻香浓、口感醇厚

烘烤过后的芝麻，香味浓郁，经过搅打后质地细腻，拌入沙拉中，可令菜肴增色不少。此外，还可用于拌面或者火锅酱料中，滋味香浓，制作简单，试过后就容易上瘾！

热量：293 kcal/100 ml	建议使用分量：59 kcal/20 ml

【食材】

白芝麻 90 克，砂糖 100 克，植物油 90 毫升，低脂沙拉酱 90 克，鲜奶 90 毫升，酱油 30 毫升，米醋 30 毫升

【做法】

1 白芝麻放入烤箱中烤 10 分钟至熟。
2 把烤熟的白芝麻倒入搅拌机中粗略打碎。
3 搅拌机中加入低脂沙拉酱，与芝麻拌匀。
4 再加入砂糖、植物油、鲜奶、酱油、米醋。
5 搅打均匀。
6 倒出沙拉酱，盛入容器中即可。

Tips

●打碎白芝麻这一步是为了让芝麻的味道更香更浓，搅打成酱的质地更细腻。

异域风情蜂蜜芥末酱

风味特点：辛香甜辣，滋味创新

新式风味的酱，甜甜辣辣的滋味在你味蕾上跳动，用炸物蘸取食用是绝配！也可以拌入沙拉中，让味蕾焕然一新。而且蜂蜜芥末酱制作简单，食材搭配也没有限制，可以根据自己的喜好随心所欲地进行搭配。

热量：162 kcal/100 ml	建议使用分量：32 kcal/20 ml

【食材】

菜籽油 1 份，黄芥末酱 1 份，韭菜少许，蜂蜜 1 汤匙

【做法】

1 韭菜洗净，切碎，备用。
2 将菜籽油、黄芥末酱与蜂蜜倒入碗中，搅拌均匀。
3 在拌匀的酱料中加入韭菜碎。
4 拌匀即可。

Tips

●酱料中加点蒜末和迷迭香碎，会更有风味喔！

橙皮酱

风味特点：香甜可口，橙香浓郁

很少人知道橙皮是“营养高手”，含有大量的类黄酮、胡萝卜素、橙皮甙等活性物质。橙皮可以祛痰、润肺、止咳，对于冬日里经常咳嗽、多痰的人来说，是一道很好的食疗食材。当橙皮熬成酱，拌入沙拉中，可以给沙拉带来让人眼前一亮的新口味。

热量：272 kcal/100 ml	建议使用分量：54 kcal/20 ml

【食材】

橙子 4 个，柠檬 1 个，白糖适量

【做法】

1 橙子取瓣，取出果肉。
2 剥下的橙皮去掉白膜，切成丝。
3 换两次水各煮 3 分钟去除苦味。
4 将剥好的橙肉倒入锅中，加入白糖，小火加热熬煮。
5 挤入柠檬汁，中小火熬煮，不断搅拌。
6 加入橙皮丝，小火慢煮至黏稠即可。

Tips

●酱料略有一点橙皮特有的苦味，不能接受的可以多加橙肉。加入柠檬会有特别的清香和酸酸甜甜的口感，还能防氧化。

意大利风味油醋汁

风味特点：酸香惹味，清新爽口

始祖版的油醋汁组合异常简单，只用到橄榄油、黑醋，再加入少许海盐和黑胡椒碎。当油醋汁被意大利人带进法国后，向来讲究口舌享受的法国人就把油醋汁加以改进，成为现今的意大利油醋汁，用来搭配沙拉，口感不会太酸，但味道层次却相当丰富，多吃也不腻，清爽可口。

热量：133 kcal/100 ml	建议使用分量：27 kcal/20 ml

【食材】

洋葱 10 克，大蒜 1 瓣，欧芹 5 克，意大利黑醋 30 毫升，橄榄油 40 毫升，盐 5 克，白糖 2 克，黑胡椒碎 3 克

【做法】

1 将洋葱洗净，切碎。
2 大蒜去皮，切碎。
3 欧芹切成碎，备用。
4 将切好的原料盛入沙拉碗中混合。
5 倒入意大利黑醋和橄榄油，调入盐、白糖和黑胡椒碎。
6 搅拌均匀，装入容器中即可。

Tips

●油醋汁中的醋有很多种，红酒醋、苹果醋、白酒醋等都可以替换，此类油醋汁适用于拌制沙拉菜肴。

番茄醋沙拉汁

风味特点：酸甜鲜美、浓郁清爽

厚重的沙拉酱对比清爽的油醋汁，逊色了不少，对于现在注重健康的人们来说，番茄醋汁更把酱料提升了一个层次。酸酸甜甜的番茄醋汁拌入沙拉中，清爽又开胃。还可以试着把番茄换成其他食材，换个新口味。

热量：87 kcal/100 ml	建议使用分量：17 kcal/20 ml

【食材】

圣女果 50 克，意大利黑醋 25 毫升，洋葱 20 克，罗勒叶少许，橄榄油 5 毫升

【做法】

1 圣女果切成 4 小瓣。
2 在圣女果中加入橄榄油，以勺子轻压。
3 洋葱切碎。
4 罗勒叶切碎。
5 将洋葱、罗勒叶放入圣女果中，拌匀。
6 加入意大利黑醋，拌匀即可。

Tips

●加入适量香草能够更好地提升风味，还可加入蒜末、欧芹碎等。

●圣女果中含有的番茄素有抑制细菌的作用。还含有可预防高血压的维生素 P，维生素 P 是维护细胞正常代谢不可缺少的物质。

第3章

清新晨间
——让你元气满满的沙拉

包子馒头，豆浆油条，
通通靠边站！
新鲜蔬果拌一拌，
简单快捷又方便！
早餐吃一份沙拉，
给你带来满满的动力。

法式牛油果沙拉

热量：289 kcal
分量：1 人份

【食材】

法式面包 50 克，番茄 80 克，牛油果 50 克

【沙拉酱】

芝士酱

【做 法】

1 洗净的番茄去蒂，切片，切丁。
2 洗净去核的牛油果去皮，切片，切条，切丁，待用。
3 取大碗，放入切好的番茄丁、牛油果丁。
4 加入芝士酱拌匀后，取适量抹在面包上，装盘即可。

Tips

●牛油果的营养包含几乎所有 20 种维生素、矿物质和植物营养素。牛油果产生的热量是一种可以完全消化、燃烧缓慢的能量，可让你感觉饱，减少几个小时的饥饿感。所以牛油果可以作为低卡饮食，替代吃其他脂肪食品。

热量：81 kcal
分量：1 人份

生菜面包沙拉

【食 材】

生菜 80 克，胡萝卜 20 克，烤面包适量

【沙拉酱】

凯撒酱

【做 法】

1 生菜洗净，撕成小片。
2 胡萝卜洗净，去皮切片。
3 烤面包切小块。
4 将食材装入盘中，加入凯撒酱，拌匀即可。

Tips

●生菜加胡萝卜可补充维生素和蛋白质。

燕麦沙拉

热量：439 Kcal
分量：2 人份

【食材】

燕麦 50 克，樱桃萝卜 20 克，烤面包 50 克，香菜 5 克

【沙拉酱】

酸奶酱

【做法】

1 香菜洗净沥干；樱桃萝卜洗净切片；烤面包切块。
2 燕麦放入锅里，炒熟。
3 取一碗，放入燕麦、樱桃萝卜和烤面包。
4 加入酸奶酱拌匀，点缀上香菜即可。

Tips

●燕麦有非常好的降糖、减肥的功效。

橙子综合沙拉

热量：662 kcal
分量：2 人份

【食材】

橙子、橘子、血橙各 1 个，牛油果 1 颗，洋葱 5 克，罗勒少许

【沙拉酱】

蛋黄酱

【做 法】

1 将橙子、橘子、血橙分别洗净去皮，横切成片，依次摆入盘中。
2 牛油果去核，切成半圆形小块，放入盘中。
3 洋葱洗净，切圈，放在盘上。
4 撒上少许罗勒装饰。
5 食用时蘸取蛋黄酱即可。

Tips

●每天吃一个橙子，可以使口腔、食道和胃的癌症发生率减少一半。

橙子甜菜根沙拉

热量：140 Kcal
分量：1人份

【食 材】

橙子、甜菜根各60克，莴笋叶、葱各10克

【沙拉酱】

蛋黄酱

【做 法】

1 莴笋叶、葱均洗净，切末。
2 橙子去皮，切薄片。
3 甜菜根洗净去皮，切薄片，入锅中煮熟，捞出。
4 将橙子、甜菜根、莴笋叶均放入碗中，撒上葱末。
5 食用时拌入蛋黄酱即可。

Tips

●甜菜根含有丰富的钾、磷、钠、铁、镁、糖分和维生素A、B、C及B_8，可以激发胰岛素分泌强化葡萄糖分配，还可以加速胆汁分泌，帮助疏通肝血管梗塞。

罗勒香橙沙拉

热量：152 Kcal
分量：1 人份

【食材】

香橙 100 克，罗勒叶 20 克，洋葱 30 克，白芝麻 10 克

【沙拉酱】

酸奶酱

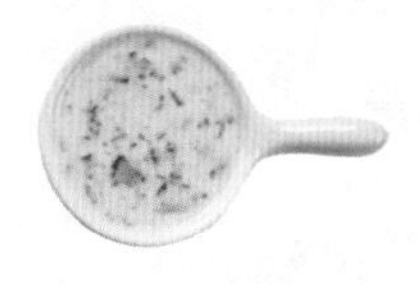

【做法】

1 罗勒叶择洗净，控干水分。
2 洋葱洗净，切成丝。
3 香橙洗净去皮后，切成片。
4 将罗勒叶、香橙片、洋葱丝放在盘中，均匀地撒上白芝麻。
5 食用时拌上酸奶酱即可。

Tips

●富含水分、维生素的香橙搭配洋葱一同食用，具有抗衰老、清肠排毒、预防癌症等多种功效。

猕猴桃甜橙沙拉

热量：133 kcal
分量：1 人份

【食 材】

猕猴桃、甜橙、青苹果、红苹果各 40 克，石榴、红醋栗各 20 克，薄荷叶少许

【沙拉酱】

凯撒酱

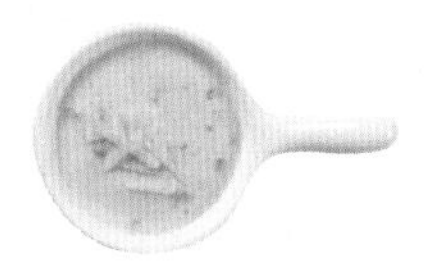

【做 法】

1 猕猴桃去皮，切成小片。
2 甜橙去皮，切片。
3 青苹果、红苹果分别洗净，切成小块，浸入盐水片刻，防止氧化，再捞出沥干水分。
4 石榴剥出果肉。
5 红醋栗洗净，备用。
6 将所有食材放入碗中拌匀。
7 食用时，依据个人口味添加适量凯撒酱，撒上薄荷叶即可。

Tips

●石榴的热量很低，且含有丰富的抗氧化物质，具有很强的促进新陈代谢的作用，对减肥大有好处。

热量：154 kcal
分量：1 人份

柳橙番茄沙拉

【食材】

柳橙100克，苹果80克，圣女果50克，西瓜25克，柠檬片、柠檬汁各适量

【沙拉酱】

酸奶酱

【做法】

1 将苹果清洗干净，去皮切成块状。
2 圣女果洗净，切两半。
3 柳橙洗净，切成片；西瓜切小块。
4 将备好的材料装盘。
5 最后淋上少许柠檬汁拌匀，柠檬片点缀。
6 食用时拌上酸奶酱即可。

Tips

●圣女果与柳橙都可美白瘦身、抗衰老。

蓝纹芝士香核甜橙沙拉

热量：236 kcal
分量：1 人份

【食材】

甜橙 100 克，核桃仁 20 克，芝麻菜 20 克，蓝纹芝士碎 10 克

【沙拉酱】

芝士酱

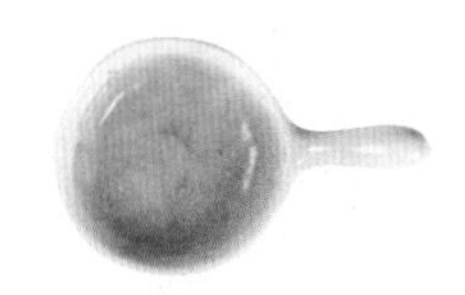

【做 法】

1 甜橙用清水洗净，去掉果皮，果肉切成瓣。
2 芝麻菜用清水洗净，沥干水分。
3 取一盘，放入甜橙、芝麻菜。
4 倒入蓝纹芝士碎和核桃仁，拌匀。
5 待食用时，可根据喜好添加芝士酱和调料。

Tips

●甜橙中含有大量的维生素C和胡萝卜素，能够抑制肠道内致癌物质的形成，配合核桃仁、芝麻菜食用，还有助于减肥瘦身。

热量：74 kcal
分量：1人份

柠檬彩蔬沙拉

【食材】

生菜60克，柠檬20克，去皮黄瓜50克，去皮胡萝卜50克

【沙拉酱】

蜂蜜芥末酱

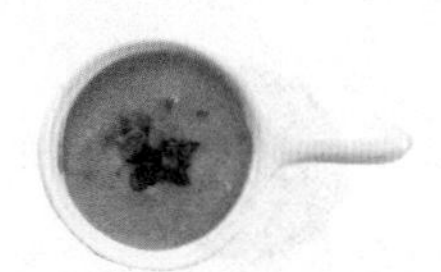

【做 法】

1 将洗净的生菜用手撕成小块，放入碗中。
2 洗净的胡萝卜、黄瓜均切成丁。
3 洗净的柠檬切成片。
4 沸水锅中倒入胡萝卜，焯煮片刻，至其断生，捞出，放入盘中。
5 往装有生菜的碗中放入黄瓜、胡萝卜，拌匀。
6 取一干净的盘子，摆放上柠檬片，倒入拌好的黄瓜、胡萝卜和生菜，食用时佐蜂蜜芥末酱即可。

Tips

●生菜含有的营养素种类比较全面，食用后饱腹感比较强，适当多吃些生菜来减肥可以避免节食减肥造成的饥饿感和营养素的缺乏。

瓜果沙拉

热量：130 Kcal
分量：1 人份

【食材】

去皮黄瓜 90 克，去皮苹果 150 克，葡萄适量

【沙拉酱】

橙皮酱

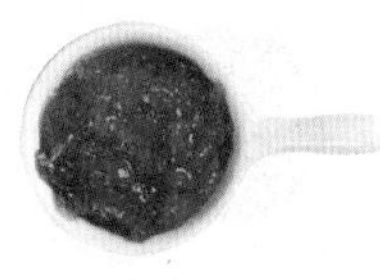

【做法】

1 将洗净的黄瓜切成片。
2 洗净的苹果去核，切成片。
3 取一干净的盘子，摆放上黄瓜、苹果，用洗净的葡萄做装饰。
4 食用时淋入橙皮酱即可。

Tips

●黄瓜中所含的丙醇二酸，可抑制糖类物质转变为脂肪。此外，黄瓜中的纤维素对促进人体肠道内腐败物质的排除和降低胆固醇有一定作用。

热量：160 Kcal
分量：1 人份

草莓提子沙拉

【食材】

草莓 、杨桃、梨各 60 克，青提、红提各 40 克，苹果醋、鸡尾酒各适量

【沙拉酱】

橙皮酱

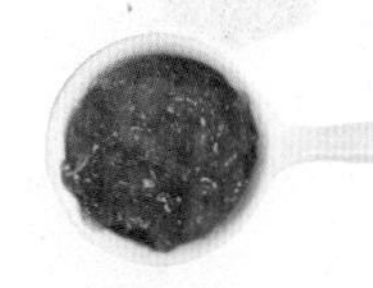

【做 法】

1 梨去皮洗净，去核，切小块。
2 草莓去蒂，洗净，切小块。
3 杨桃洗净，切小块。
4 青提、红提均洗净。
5 将梨、草莓、杨桃、提子一起放入碗中，加苹果醋，调入鸡尾酒拌匀，食用时蘸取橙皮酱即可。

Tips

●草莓中含有抗癌成分，可抑制肿瘤细胞的生长。在欧洲，草莓早就享有“水果皇后”的美称，并被作为儿童和老年人的保健食品。

苹果芒果沙拉

热量：126 Kcal
分量：1 人份

【食材】

苹果、芒果各 50 克，芝麻菜 10 克，芝士 10 克

【沙拉酱】

橙皮酱

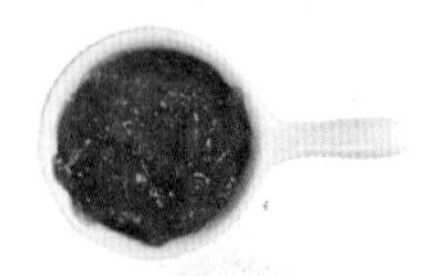

【做法】

1 将苹果洗净，去核，切片。
2 芒果洗净，去核切块。
3 芝麻菜洗净，沥干水分。
4 取一盘，放入以上所有食材。
5 倒入适量芝士，食用时加入橙皮酱，拌匀即可。

Tips

●苹果是瘦身的水果之一，含有丰富的果胶，可以帮助肠道加速排毒并降低热量吸收。此外苹果的钾质也多，可以防止腿部水肿。

鲜梨芝麻菜沙拉

热量：122 kcal
分量：1 人份

【食 材】

梨 120 克，芝麻菜 30 克

【沙拉酱】

蛋黄酱

【做 法】

1 梨在清水中洗净，去掉果皮，果肉切小块。
2 芝麻菜洗净，切段。
3 梨、芝麻菜装入碗中。
4 食用时，依据个人口味适量添加蛋黄酱即可。

Tips

●芝麻菜具有很浓的芝麻香味，还具有药疗功效，有降肺气、利肺水等功能，对久咳有特效。芝麻菜在中药中被称为“金堂葶苈”。

黄桃芝士沙拉

热量：242 kcal
分量：1 人份

【食材】

黄桃、西蓝花各 50 克，芝士 30 克，面包 20 克，菠菜少许，黑胡椒碎适量

【沙拉酱】

油醋汁

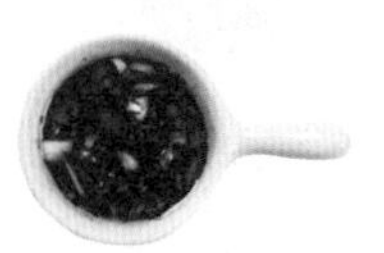

【做法】

1 黄桃洗净，去皮去核后切瓣。
2 西蓝花洗净，放入煮沸的淡盐水中焯熟，捞出。
3 菠菜洗净，择出菜叶，略微焯水，捞出，摆入盘中。
4 面包切成小块，备用。
5 将黄桃、西蓝花、面包、芝士放在菠菜叶上，淋上油醋汁，撒上黑胡椒碎即可。

Tips

●常吃黄桃不仅能提供维持大脑功能的热量，还可以调节身体中的脂肪代谢，堪称保健水果、养生之桃。

热量：278 kcal
分量：1 人份

油浸烤番茄

【食材】

圣女果 150 克，综合香草、橄榄油、蒜片、黑胡椒碎、海盐各适量

【沙拉酱】

烤芝麻酱

【做法】

1 圣女果洗干净，对半切开摆在烤盘里。
2 放入烤箱用 110℃热风烘烤至半干。
3 热锅倒入橄榄油加热，放入蒜片，至蒜片颜色开始变黄。
4 再放入综合香草和黑胡椒碎爆香。
5 最后放入番茄干直到番茄干鼓起，想要变焦的时候放入海盐。
6 晾凉装入消毒后的盒子中，密封 7 天后即可食用。食用时配上烤芝麻酱。

Tips

●圣女果所含的苹果酸或柠檬酸，有助于胃液对脂肪及蛋白质的消化。

双瓜猕猴桃沙拉

热量：147 kcal
分量：1 人份

【食 材】

黄瓜 50 克，木瓜 50 克，猕猴桃 2 个

【沙拉酱】

酸奶酱

【做 法】

1 黄瓜洗净，切成圆形小片。
2 木瓜去皮，挖出籽，切成小方块。
3 猕猴桃去皮，切成长条。
4 将所有食材放入盘中。
5 淋入酸奶酱，拌匀即可。

Tips

●猕猴桃含有丰富的食物纤维、维生素C、维生素B、维生素D、钙、磷、钾等微量元素和矿物质，是名副其实的“美容水果”。

水果沙拉

热量：276 kcal
分量：1 人份

【食材】

生菜 2 片，圣女果 10 克，苹果 1 个，橙子 20 克

【沙拉酱】

蛋黄酱

【做 法】

1 生菜洗净，沥干水分，放入盘中。
2 圣女果对半切开成小块。
3 橙子去皮，取瓣，切成小块。
4 苹果洗净，切成小块。
5 将圣女果、苹果、橙子放在生菜上，食用时淋入蛋黄酱即可。

Tips

●如不能及时食用，苹果可放入盐水中浸泡，以防氧化。

红绿沙拉

热量：310 kcal
分量：1 人份

【食材】

红椒 30 克，番茄 1 个，黄瓜 30 克，紫叶生菜 3 片，洋葱 20 克

【沙拉酱】

油醋汁

【做法】

1 红椒洗净，切成丝。
2 番茄洗净，切成片。
3 黄瓜洗净，切成半圆形小片。
4 紫叶生菜洗净，用手撕成小片。
5 洋葱洗净，切成丝。
6 将所有食材放入盘中，食用时淋上油醋汁，拌匀即可。

Tips

●紫叶生菜可以帮助人体消化，刺激胆汁的形成，凉血，促进血液循环、利尿、镇静安眠，防止肠内堆积废物，并有抗衰老和抗癌的功能。

青提酸奶沙拉

热量：114 kcal
分量：1 人份

【食材】

草莓、青提、苹果、西瓜、哈密瓜各 50 克

【沙拉酱】

酸奶酱

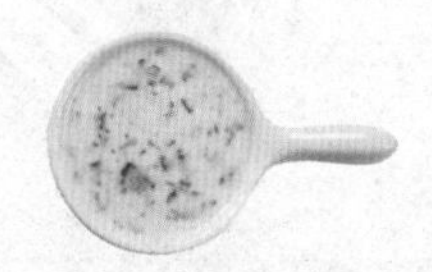

Tips

●草莓营养丰富，具有明目养肝的作用，可以帮助消化，它的营养成分容易被人体消化、吸收，多吃也不会受凉或上火，是老少皆宜的健康食品。青提中含丰富的维生素 C 及 E，为皮肤提供抗氧化保护，有效对抗游离基，减轻皮肤受外来环境的侵袭。

【做法】

1 草莓洗净，去蒂，对半切开。
2 哈密瓜、西瓜均去皮，切块。
3 苹果洗净，去核，切块。
4 青提洗净。
5 将草莓、哈密瓜、西瓜、苹果、青提一同放入碗中。
6 加入酸奶酱，拌匀即可。

热量：80 kcal
分量：1 人份

综合沙拉

【食材】

番茄 120 克，黄瓜 130 克，生菜 100 克，盐少许

【沙拉酱】

芝士酱

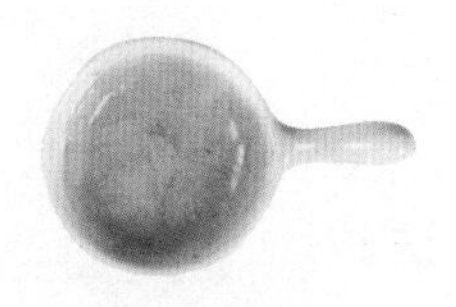

Tips

●清爽开胃的沙拉是夏季中的必备消暑美食，这道法式综合沙拉选用生菜、番茄和黄瓜，都是多汁可口的蔬菜，沙拉酱更为菜肴添色不少。番茄含有丰富的维生素C、苹果酸、柠檬酸和番茄红素，可生津止渴、帮助消化，番茄红素还起着抗辐射、美白肌肤等作用。

【做法】

1 洗净的黄瓜削皮，切片。
2 洗好的番茄去蒂，切丁。
3 洗净的生菜切去根部，切块。
4 取大碗，放入生菜、西红柿、黄瓜，加入少许盐。
5 把所有食材拌匀。
6 将沙拉装盘，食用时淋入芝士酱在蔬菜上即可。

时素沙拉

热量：116 kcal
分量：1 人份

【食材】

芝士 10 克，樱桃萝卜 80 克，黄瓜 60 克，茴香菜、香菜、莳萝末、香芹碎各 10 克

【沙拉酱】

番茄醋汁

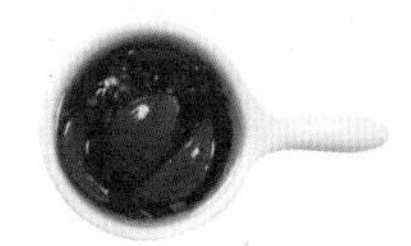

【做 法】

1 芝士切块；樱桃萝卜切丁。
2 黄瓜洗净切条；茴香菜、香菜均洗净。
3 将芝士、樱桃萝卜、黄瓜放在方形玻璃碗中。
4 再加入莳萝末、香芹碎，搅拌均匀。
5 将洗净的茴香菜、香菜插在沙拉上作为装饰。
6 食用时拌入番茄醋汁即可。

Tips

●黄瓜中所含的丙醇二酸，可抑制糖类物质转变为脂肪，经常食之还能促进排泄肠内毒素。此外，黄瓜的含水量很高，是非常理想的减肥、润肤食物。

热量：132 kcal
分量：1 人份

玉米沙拉

【食材】

嫩玉米粒 200 克，彩椒 100 克，西芹 100 克，洋葱 50 克，欧芹少许

【沙拉酱】

酸奶酱

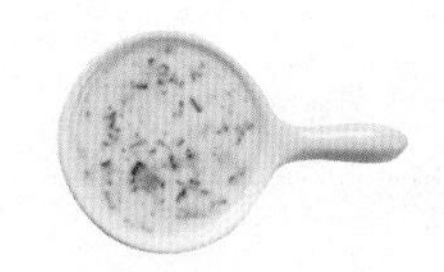

【做法】

1 将玉米粒洗净，放入锅中，加适量清水煮熟，捞出。
2 彩椒洗净，切成丁，放入沸水中稍烫，捞出。
3 西芹洗净，切成丁，加适量清水煮熟，捞出。
4 洋葱洗净，切成丁。
5 将玉米粒、彩椒丁、西芹丁、洋葱丁盛入碗中，搅拌均匀。
6 欧芹洗净，点缀在沙拉上即可。
7 食用时拌入酸奶酱即可。

Tips

●玉米、西芹、彩椒均富含膳食纤维，可减少毒素在体内的积聚。它们还是减肥、瘦身和增强免疫力的优质食物。

紫薯沙拉

热量：200 kcal
分量：1 人份

【食材】

紫薯 200 克，牛奶 50 毫升

【沙拉酱】

酸奶酱

【做 法】

1 取电蒸笼，注入适量清水烧开，放入紫薯。
2 蒸 20 分钟至熟，取出紫薯。
3 取一碗，放入蒸好的紫薯，倒入牛奶。
4 将紫薯搅碎，并与牛奶混合均匀。
5 倒入袋子中，用擀面杖压成泥状。
6 在袋子的一角剪一个小口子。
7 将紫薯泥挤在备好的锡纸模具中，压平。
8 将紫薯泥倒扣在盘中，挤上酸奶酱即可。

Tips

●紫薯富含膳食纤维，不仅能加快新陈代谢的速度，也能延缓消化速度，让人的饱腹感时间延长，体力更为充沛。

卡普瑞沙拉

热量：375 kcal
分量：1 人份

【食材】

番茄90克，芝士100克，罗勒叶、胡椒粉各少许

【沙拉酱】

油醋汁

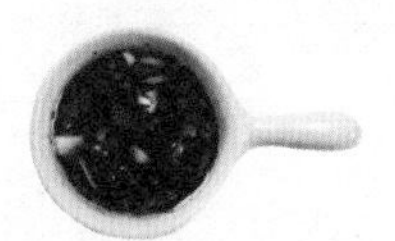

【做法】

1 番茄洗净，切块。
2 芝士切小块。
3 罗勒叶洗净。
4 将番茄、芝士放入小碟中，撒上少许胡椒粉，再饰以罗勒叶。
5 待食用时，将调好的油醋汁淋在沙拉上即可。

Tips

●番茄有利尿及消除酸痛的作用，需要长时间站立的人可以多吃来消除腿部疲劳，减轻腿部水肿现象。

紫甘蓝沙拉

热量：112 kcal
分量：1 人份

【食材】

紫甘蓝 30 克，生菜 30 克，玉米粒 25 克，圣女果 1 颗

【沙拉酱】

凯撒酱

【做 法】

1 紫甘蓝、生菜分别洗净，切成丝。
2 圣女果对半切开。
3 将生菜丝、紫甘蓝丝、玉米粒放入盘中。
4 拌入凯撒酱，搅拌均匀。
5 最后放上圣女果点缀即可。

Tips

●紫甘蓝中的铁元素能够提高血液中氧气的含量，有助于机体对脂肪的燃烧，从而对减肥大有裨益。

鲜蔬青脆沙拉

热量：94 kcal
分量：1 人份

【食 材】

橙子 50 克，番茄 10 克，樱桃萝卜 20 克，蓝莓 10 克，欧芹少许

【沙拉酱】

橙皮酱

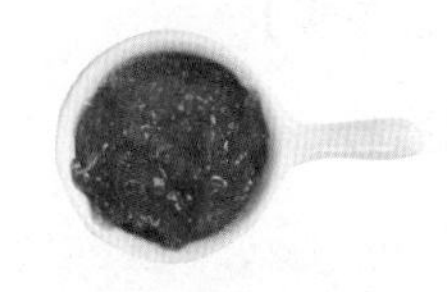

【做 法】

1 橘子洗净，切薄片。
2 番茄洗净，切片。
3 樱桃萝卜洗净，切成片。
4 蓝莓洗净。
5 取一盘，放入所有食材。
6 食用时淋入橙皮酱，放上欧芹装饰即可。

Tips

●橙子内侧的薄皮含有膳食纤维及果胶，可以促进排便，降低血液中胆固醇含量。番茄热量低，有利于减肥。

苦菊绿色沙拉

热量：279 kcal
分量：1 人份

【食材】

苦菊 50 克，番茄 1 个，培根 3 片，腰果 20 克，洋葱 10 克

【沙拉酱】

凯撒酱

【做 法】

1 洋葱洗净，切成碎，备用。
2 苦菊洗净，备用。
3 培根放入热锅中，煎至出油，盛出备用。
4 番茄洗净，切成小瓣。
5 腰果放入烤箱中，微烤 10 分钟至香，取出捣碎。
6 将所有食材放入碗中，淋入凯撒酱，食用时拌匀即可。

Tips

●培根煎至出油后，放在厨房用纸上可吸走多余油分。

虾油拌萝卜泥

热量：329 kcal
分量：1 人份

【食材】

大虾 50 克，白萝卜 100 克，姜片 20 克，料酒少许，盐适量，植物油少许

【沙拉酱】

烤芝麻酱

【做法】

1 洗净的大虾剥壳，虾仁切成小丁，虾壳、虾头备用。
2 白萝卜去皮，用研磨器将其磨成泥，堆叠在碗中。
3 热锅注油烧热，放入生姜，将其煎透。
4 倒入虾壳和虾头，淋入料酒，翻炒匀，炒至虾壳成金红色。
5 将锅内的食材捞出，放入虾肉，翻炒片刻。
6 加入少许盐，炒匀，将炒好的虾肉与虾油淋在萝卜泥上，食用时淋入烤芝麻酱即可。

Tips

●白萝卜泥被誉为“天然消化剂”，有非常好的清理肠胃功能。

三色鲜蔬沙拉

热量：217 kcal
分量：1 人份

【食材】

胡萝卜 50 克，青豌豆、玉米各 40 克

【沙拉酱】

芝士酱

【做 法】

1. 胡萝卜洗净，去皮，切成丁。
2. 玉米剥出玉米粒。
3. 把胡萝卜丁、青豌豆、玉米粒放入沸水中焯熟，捞出沥干。
4. 将焯熟的食材放入碗中，淋入芝士酱，拌匀，装盘即可。

Tips

●玉米含有丰富的纤维素，不但可以刺激肠蠕动，防止便秘，还可以促进胆固醇的代谢，加速肠内毒素的排出。

胡萝卜豌豆沙拉

热量：159 Kcal
分量：1 人份

【食材】

胡萝卜 100 克，豌豆 20 克，食用油少许

【沙拉酱】

油醋汁

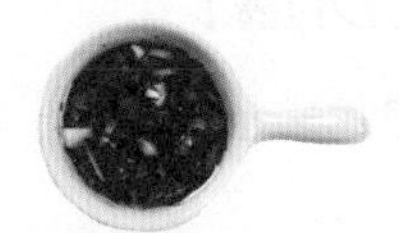

【做 法】

1 胡萝卜用清水冲洗干净，切成片，备用。
2 豌豆洗净，备用。
3 锅中注水烧热，加入少许食用油，放入切好的胡萝卜焯煮至熟，捞出，再倒入豌豆煮熟，捞出。
4 将食材装入碗里，加入油醋汁，拌匀即可。

Tips

●胡萝卜是质脆味美、营养丰富的家常蔬菜，素有“小人参”之称。

芦笋鸡蛋沙拉

热量：175 kcal
分量：1 人份

【食 材】

鸡蛋 1 个，芦笋 75 克，面包块 15 克，生菜少许，盐少许

【沙拉酱】

日式芝士酱

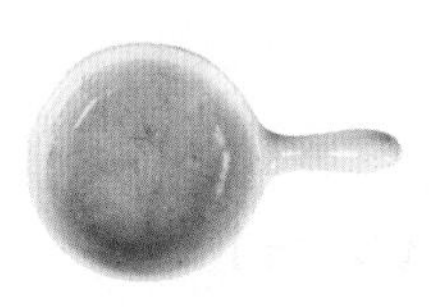

【做 法】

1 鸡蛋放入锅中，煮约 7 分钟取出，剥壳后对半切开。
2 生菜洗净，垫入盘底。
3 芦笋洗净，入沸水，加盐，焯水至熟，捞出沥干水分。
4 将鸡蛋、芦笋放入生菜盘中，撒上面包块，食用时放入日式芝士酱拌匀即可。

Tips

●芦笋具有低糖、低脂肪、高纤维素的特点，是一种可以减肥的好食材，适量食用解腻又减肥。

鲜蔬鸡蛋沙拉

热量：181 kcal
分量：1 人份

【食材】

鸡蛋 1 个，黄瓜 30 克，樱桃萝卜 20 克，土豆 50 克，葱花、欧芹各少许

【沙拉酱】

橙皮酱

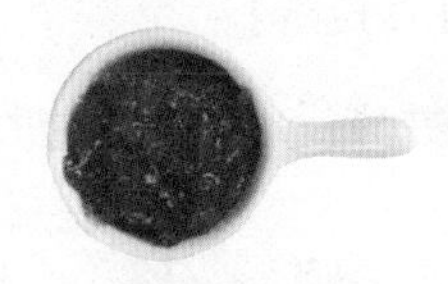

【做 法】

1 鸡蛋用沸水煮熟，剥壳，切成 4 小瓣。
2 黄瓜洗净，切成片。
3 樱桃萝卜洗净，切成片。
4 土豆洗净，去皮，切小块，放入蒸锅中蒸熟。
5 将食材装入碗中，撒上葱花，用少许欧芹装饰，食用时蘸取橙皮酱。

Tips

●樱桃萝卜相比其他萝卜更像是一种水果，食用时爽脆可口，含有较高的水分，有通气宽胸、健胃消食等功效。

圆生菜鸡蛋沙拉

热量：200 kcal
分量：1 人份

【食材】

烤面包 20 克，圆生菜 45 克，鸡蛋 1 个

【沙拉酱】

酸奶酱

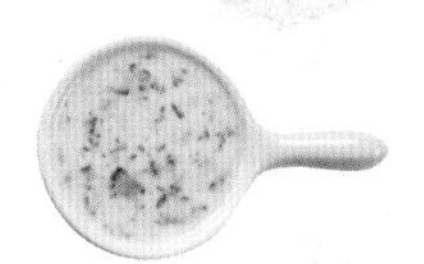

【做法】

1 圆生菜清洗干净，沥干水分，用手撕成小片。
2 烤面包切成小块。
3 锅中注水，放入鸡蛋，煮至鸡蛋五成熟时熄火，取出鸡蛋，切块备用。
4 将圆生菜、面包、鸡蛋放入盘中。
5 食用时拌入酸奶酱即可。

Tips

●鸡蛋中的铁含量丰富，是人体铁的良好来源，而且鸡蛋的利用率最高可达100%，是营养全面、热量低的好食材。

鸡胸肉藜麦沙拉

热量：406 kcal
分量：2 人份

【食 材】

鸡胸肉 50 克，藜麦 30 克，鹰嘴豆、青豆、红腰豆、玉米粒各 20 克，圣女果 15 克，洋葱、芝麻菜、苦菊各 10 克

【沙拉酱】

橙皮酱

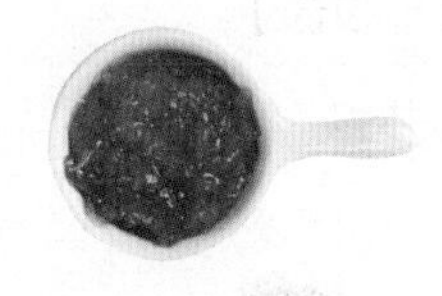

【做 法】

1 把鸡胸肉、藜麦、鹰嘴豆、红腰豆、青豆、玉米粒、圣女果、洋葱、芝麻菜、苦菊洗净。
2 将洋葱切丁；圣女果切瓣。
3 芝麻菜、苦菊撕成小叶。
4 锅中注水烧开，放入鹰嘴豆、红腰豆，煮 60 分钟。
5 倒入藜麦，煮熟后捞出。
6 再把青豆、玉米粒放入锅中煮 3 分钟，捞出。
7 把鸡胸肉放入锅中，煮熟后捞出，切成丁。
8 把藜麦摆在盘中，淋上橙皮酱，再将剩余食材摆入盘中，食用时再拌入橙皮酱即可。

Tips

●表皮干、包卷度紧密、透明表皮中带有茶色纹理特征的为优质洋葱。

金枪鱼豆角沙拉

热量：120 kcal
分量：1 人份

【食材】

金枪鱼罐头 50 克，豆角 40 克，圣女果 8 个，洋葱 20 克，盐少许

【沙拉酱】

莎莎酱

【做 法】

1 豆角切段，圣女果对半切开，洋葱切碎。
2 豆角放入烧沸的盐水中焯水煮熟，捞出用清水冲洗，沥干备用。
3 金枪鱼罐头用漏勺沥去汁水。
4 金枪鱼、豆角、圣女果、洋葱放入碗中，食用时拌入莎莎酱即可。

Tips

●金枪鱼中含有优质的蛋白质和其他营养素，能有效降低胆固醇含量，清理血管。

热量：118 kcal
分量：1 人份

烤芝麻蔬菜沙拉

【食材】

生菜、洋葱各 60 克

【沙拉酱】

烤芝麻酱

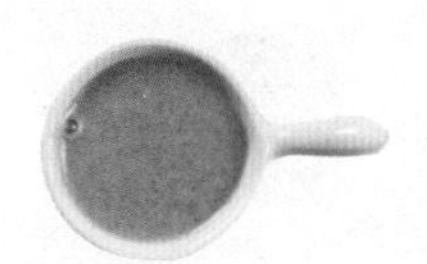

【做 法】

1 洋葱、生菜分别洗净，切成丝。
2 将切好的蔬菜装入碗中。
3 浇上烤芝麻酱，拌匀即可。

Tips

●洋葱是一种世界性的营养蔬菜，有辛辣的香气，也是一种良好的调味食品。

卷心菜丝黄瓜沙拉

热量：202 kcal
分量：1 人份

【食 材】

卷心菜 200 克，黄瓜、胡萝卜各 100 克，黑芝麻少许

【沙拉酱】

塔塔酱

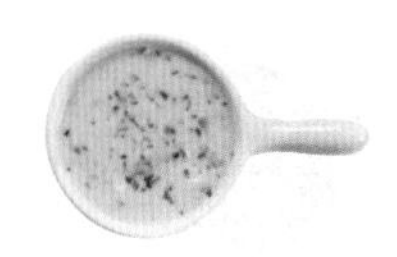

【做 法】

1 卷心菜、胡萝卜分别洗净，切成丝，放入沸水中焯熟，捞出，沥干水分，晾凉。
2 黄瓜洗净，切成条。
3 卷心菜丝放入盘中，放上胡萝卜丝。
4 撒上少许黑芝麻。
5 放入黄瓜条。
6 食用时拌入塔塔酱即可。

Tips

●这道沙拉可提高人体免疫力，预防感冒，缓解便秘，适合肥胖者食用。

彩椒番茄沙拉

热量：160 kcal
分量：1 人份

【食 材】

彩椒 100 克，黄瓜 50 克，番茄 50 克，熟玉米粒 25 克，玉米笋 80 克

【沙拉酱】

芝士酱

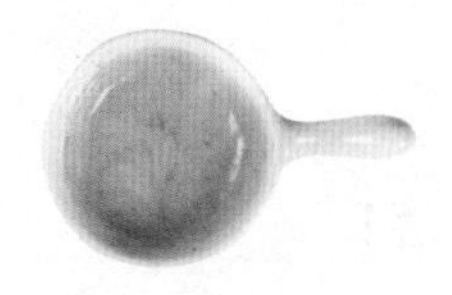

【做 法】

1 将玉米笋洗净，放入沸水中焯熟。
2 将彩椒、黄瓜、番茄分别洗净后切片。
3 将所有食材装盘，加入芝士酱，拌匀即可。

Tips

●本道沙拉含大量维生素 C，能改善肤质。

芹菜胡萝卜沙拉

热量：107 kcal
分量：1 人份

【食材】

香干、胡萝卜各 25 克，芹菜 200 克，彩椒 10 克，盐少许

【沙拉酱】

蜂蜜芥末酱

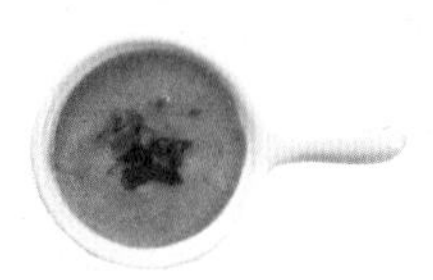

【做法】

1 香干洗净，切成条。
2 芹菜洗净，切段。
3 胡萝卜、彩椒均洗净，切丝。
4 将香干条、芹菜段、胡萝卜丝、彩椒丝放入加盐的沸水中，焯熟，捞起沥干水分，装盘。
5 将蜂蜜芥末酱淋入盘中，搅拌均匀即可食用。

Tips

●质脆味美，营养丰富，可以提高机体免疫力、滋润皮肤、抗衰老。

热量：100 kcal
分量：1 人份

青木瓜番茄沙拉

【食材】

青木瓜 100 克，番茄 1 个，彩椒 10 克

【沙拉酱】

番茄醋汁

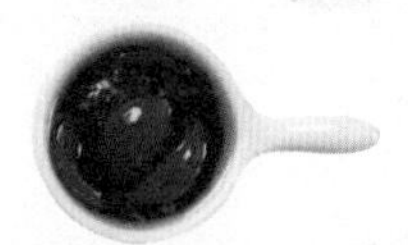

【做法】

1 将青木瓜洗净后去皮，切开去籽，瓜肉切成细丝状。
2 将彩椒洗净后切丝，番茄洗净后切成片。
3 将青木瓜、彩椒、番茄和番茄醋汁一起拌匀装入碗中即可。

Tips

●富含多种氨基酸和营养元素，助消化，润滑肌肤，分解体内脂肪，刺激女性激素分泌。

四季豆圣女果沙拉

热量：105 kcal
分量：1 人份

【食材】

四季豆 200 克，圣女果 40 克，迷迭香粒少许

【沙拉酱】

番茄醋汁

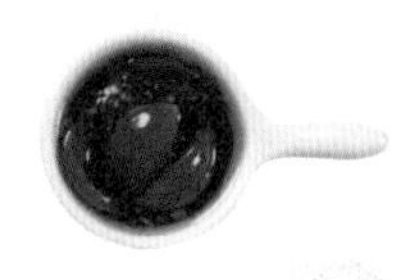

【做 法】

1 四季豆择洗干净，沥干水后切段备用。
2 圣女果洗净，对半切开。
3 将四季豆放入沸水中焯熟后捞出，倒入盘中，然后放上圣女果。
4 淋上番茄醋汁，拌匀后，撒上迷迭香粒即可。

Tips

●富含蛋白质和多种氨基酸，常食可健脾胃、增进食欲。

洋葱生菜西芹沙拉

热量：114 kcal
分量：1 人份

【食 材】

紫叶生菜 50 克，圣女果 3 个，西芹 80 克，彩椒 40 克，洋葱 30 克

【沙拉酱】

塔塔酱

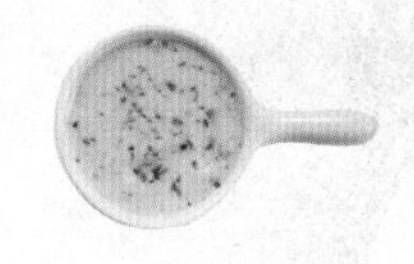

【做 法】

1 将西芹、洋葱、彩椒洗净，分别切长条。
2 圣女果洗净，切两半。
3 将紫叶生菜铺在盘底，将彩椒、洋葱、西芹和圣女果一起装盘。
4 淋上塔塔酱，拌匀后即可食用。

Tips

●洋葱营养价值高，可助消化，促进血液循环，具有御寒、抗衰老和抗癌的功能。

第4章

丰盛午餐
——即使上班也能带着走

摒弃外卖，
午餐自己带！
前一晚就能准备好的沙拉，
随身就能带着走。
漂亮的沙拉搭配得
如彩虹般炫目，
还能引来羡慕的目光！

彩椒鲜虾卷

热量：167 kcal
分量：1 人份

【食材】

鲜虾 6 只，生菜、哈密瓜各 30 克，春卷皮 3 张

【沙拉酱】

塔塔酱

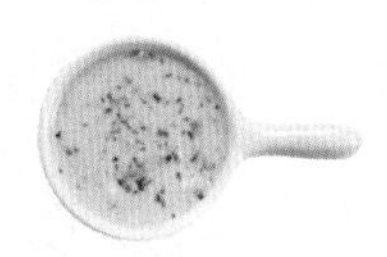

【做法】

1 鲜虾放入沸水中焯至熟透，捞出放凉后，剥去虾壳，备用。
2 生菜洗净，切成细丝。
3 哈密瓜切成长条。
4 将生菜、哈密瓜、虾仁放在春卷皮上，淋上塔塔酱，卷成卷即可。

Tips

●鲜虾营养丰富，如蛋白质、脂肪、维生素和钙、磷、镁等多种矿物质，能很好地保护心血管系统，减少血液的胆固醇含量。

热量：184 kcal
分量：1 人份

蔬菜春卷沙拉

【食材】

生菜 15 克，红椒 10 克，青椒 15 克，胡萝卜 20 克，芝士 30 克，春卷皮 3 张

【沙拉酱】

莎莎酱

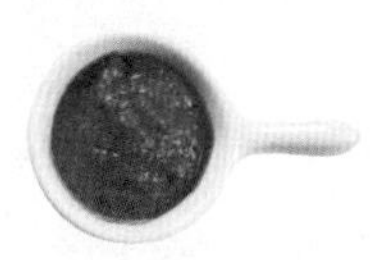

Tips

●并不是加了芝士热量就会高的。芝士是牛奶经浓缩、发酵而成的奶制品，它基本上排除了牛奶中大量的水分，保留了其中营养价值极高的精华部分，被誉为乳品中的“黄金”。

【做 法】

1 洗净的生菜撕成块。
2 洗净的青椒切长条。
3 洗净的红椒斜刀切圈。
4 胡萝卜去皮洗净，切条，焯水。
5 芝士切成块。
6 将春卷皮切成条，卷成圆柱形，放入盘中。
7 将所有原料均匀放入春卷皮中，放入莎莎酱即成。

风味樱桃萝卜沙拉

热量：264 kcal
分量：1 人份

【食材】

全麦面包 2 片，樱桃萝卜 100 克，独行菜 10 克

【沙拉酱】

凯撒酱

【做 法】

1 樱桃萝卜用清水冲洗干净，切片，备用。
2 独行菜用清水冲洗干净，沥干水分，备用。
3 在全麦面包上抹上适量凯撒酱。
4 然后在凯撒酱上摆上樱桃萝卜。
5 最后在沙拉上饰以独行菜即可。

Tips

●樱桃萝卜可以提高代谢，增加身体对碳水化合物的消化能力，有利于消耗脂肪、排除体内毒素，还能利尿通便。

蔬菜藜麦沙拉

热量：304 kcal
分量：1人份

【食材】

藜麦60克，红椒30克，黄瓜50克，黑橄榄10克

【沙拉酱】

蛋黄酱

【做 法】

1 红椒和黄瓜分别用清水洗净，切成小块。
2 黑橄榄切成小片。
3 藜麦洗净，焯熟，沥干水分，装入玻璃碗中。
4 将蛋黄酱淋在藜麦中，加入红椒和黄瓜，拌匀后即可食用。

Tips

●藜麦富含膳食纤维和蛋白质，而这些蛋白质和纤维可以让你有饱腹感，因此既能满足食欲，同时又能帮助减肥。

蔬菜杂烩沙拉

热量：70 kcal
分量：1 人份

【食材】

茄子、西葫芦、番茄、青椒、洋葱各 40 克，罗勒叶少许

【沙拉酱】

番茄醋汁

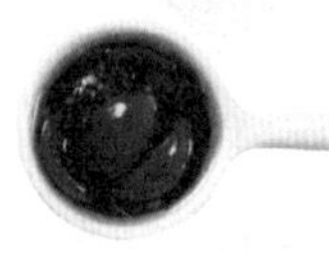

【做 法】

1 洗净茄子、西葫芦、番茄、青椒、洋葱，均切成薄片。
2 一片一片均匀地叠加在烤盘上，盖上锡纸。
3 放在烤箱里 180℃烤 40 分钟。
4 烤好的蔬菜取出，装盘。
5 罗勒叶切碎，撒入烤好的蔬菜里。
6 食用时浇上番茄醋汁，拌匀即可。

Tips

●番茄含有食物纤维，不但无法被肠胃消化，还能吸收体内的胆固醇、脂肪等物质并排出体外，同时减少毒素的聚集，从而起到清肠排毒、减肥美容的作用。

鸡蛋豌豆鲜蔬沙拉

热量：341 kcal
分量：1 人份

【食材】

豌豆 50 克，熟鸡蛋 50 克，南瓜 50 克，玉米粒 50 克，白萝卜 10 克，莳萝少许

【沙拉酱】

凯撒酱

【做法】

1 熟鸡蛋去壳，切半。
2 豌豆、玉米粒均洗净，焯熟。
3 白萝卜洗净，切条，倒入沸水锅中焯水片刻，捞出。
4 南瓜去皮，切丁，倒入沸水锅中焯水片刻，捞出。
5 将以上所有食材装入碗里，加入凯撒酱拌匀，饰以莳萝即可。

Tips

●豌豆中的 B 族维生素可以促进糖类和脂肪的代谢，有助于改善肌肤状况，常食对改善肥胖症有一定的效果。

菜心牛油果烤吐司

热量：350 kcal
分量：1 人份

【食材】

菜心 5 棵，黄瓜 30 克，圣女果 2 个，牛油果半个，原味方吐司 1 片，黄油 1 小块

【沙拉酱】

油醋汁

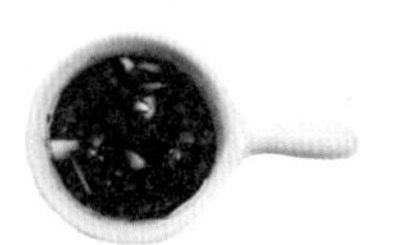

【做法】

1 用平底锅加热黄油，将吐司切成小方丁后放入锅中，煎至表面酥脆，呈金黄色，盛出晾凉。
2 菜心下入沸水中焯烫至熟，捞出沥干水分。
3 黄瓜洗净切成小丁。
4 圣女果洗净后，切成四小瓣。
5 牛油果切成小丁。
6 将油醋汁倒入玻璃罐中，再逐层放入菜心、黄瓜、圣女果、牛油果、吐司丁即可。

Tips

●选料用心，搭配精致，午餐首选，能量刚刚好，陪伴你度过每个欢乐时刻。

山药南瓜秋葵沙拉

热量：167 kcal
分量：1 人份

【食材】

猪肉 50 克，料酒少许，
山药 50 克，油麦菜适量，
南瓜 50 克，秋葵 5 根

【沙拉酱】

烤芝麻酱

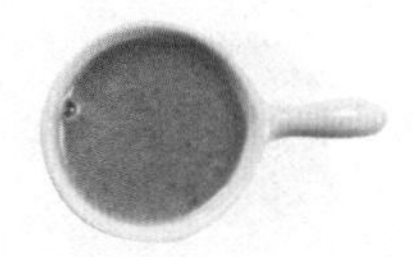

【做 法】

1 猪肉切成薄片，下入沸水中，加少许料酒，汆熟后捞出，沥干水分，晾凉。
2 山药、南瓜分别洗净去皮，切成小丁，下入沸水中焯煮至断生，捞出，沥干水分，晾凉。
3 油麦菜洗净，切成小段，下入沸水中，烫熟捞出，沥干水分，晾凉。
4 秋葵洗净，切成圆片。
5 依照烤芝麻酱、山药、南瓜、秋葵、肉片、油麦菜的顺序，逐层放入玻璃罐中。

Tips

●秋葵、山药加上肉片，在精神不振时给你迅速“充电”，消除疲劳。南瓜有养胃的作用，体力较差时肠胃功能也会下降，搭配酸梅汁更能有助消化。

白萝卜肥牛片沙拉

热量：145 kcal
分量：1人份

【食材】

肥牛片50克，白萝卜1/8根，圣女果5个，豆苗1/4盒

【沙拉酱】

烤芝麻酱

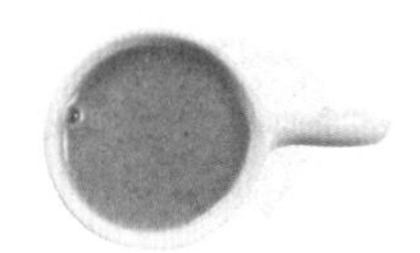

【做法】

1 白萝卜切成细丝。
2 圣女果切成圆片。
3 肥牛片放入沸水中烫熟，捞出沥干水分，晾凉。
4 豆苗、白萝卜丝分别焯煮片刻，捞出沥干水分，晾凉。
5 依照烤芝麻酱、白萝卜丝、圣女果、肥牛片、豆苗的顺序，逐层放入玻璃罐中即可。

Tips

●肥牛片采用水煮的方式，不添加其他油脂，为身体补充健康和元气。

●白萝卜、豆苗等口味清爽的蔬菜与浓郁酱料堪称绝妙的组合。

热量：281 kcal

分量：1 人份

干贝莲藕牛蒡沙拉

【食材】

干贝 60 克，料酒 1/2 大匙，莲藕 50 克，黄瓜 1/3 根，牛蒡 50 克，圣女果 5 个，生菜 1 片

【沙拉酱】

塔塔酱

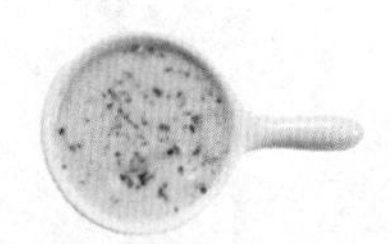

【做 法】

1 干贝提前泡发，放入沸水中，加入料酒，煮熟捞出，沥干水分，晾凉。
2 莲藕洗净去皮，切成扇形小块，煮熟，捞出沥干，晾凉。
3 黄瓜洗净去皮，切成小方块。
4 牛蒡洗净去皮，切成圆片，焯水至断生，捞出，沥干水分，晾凉。
5 圣女果洗净，切成 4 等份；生菜洗净，手撕成小片。
6 依照塔塔酱、干贝、莲藕、黄瓜、牛蒡、圣女果、生菜的顺序，逐层放入玻璃罐中。

Tips

●干贝的味道极其鲜美，莲藕可以滋阴清热、美容养颜，非常适合女性食用。

菠菜鱼肉黄豆芽沙拉

葱丝爽口沙拉

菠菜鱼肉黄豆芽沙拉

热量：233 kcal	分量：1 人份

【食材】

鱼肉罐头 40 克，菠菜 1/2 棵，黄豆芽 35 克，番茄 1/2 个，生菜 1 片

【沙拉酱】

番茄醋汁 ——

【做 法】

1 菠菜切成长段，放入烧开的水中焯煮至断生，捞出，沥干水分，晾凉。
2 黄豆芽放入烧开的水中焯煮至断生，捞出，沥干水分，晾凉。
3 番茄切成小块。
4 生菜撕成小片。
5 依照番茄醋汁、鱼肉罐头、菠菜、黄豆芽、番茄、生菜的顺序装罐。

Tips

●焯烫过的菠菜已去除了大部分草酸，不会影响蛋白质的吸收，和鱼肉一起吃营养均衡。

葱丝爽口沙拉

热量：214 kcal	分量：1 人份

【食材】

葱白 1/2 根，胡萝卜 1/3 根，黄瓜 1/2 根，紫甘蓝 1/8 棵

【沙拉酱】

油醋汁 ——

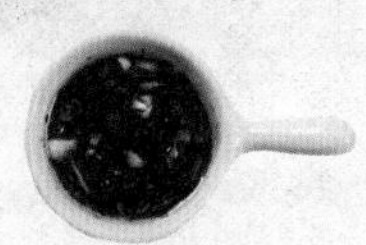

【做 法】

1 葱白、胡萝卜、黄瓜、紫甘蓝分别切成细丝。
2 把葱白放入热水中焯烫一下，捞出，充分沥干水分。
3 依照油醋汁、葱白、胡萝卜、黄瓜、紫甘蓝的顺序，逐层放入玻璃罐中。

Tips

●葱丝微辣，爽口解腻，这道沙拉搭配鱼肉大餐一起吃再合适不过。胡萝卜、紫甘蓝可增强抗衰老的作用。

黑木耳豆芽松仁沙拉

热量：294 kcal
分量：1 人份

【食材】

黑木耳 80 克，黄瓜 1/4 根，红甜椒 1/2 个，绿甜椒 1/4 个，豆芽 1/2 杯，松子仁 2 大匙

【沙拉酱】

烤芝麻酱

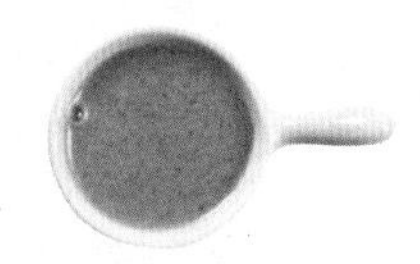

【做法】

1 黑木耳、黄瓜分别洗净，切成细丝。
2 红甜椒、绿甜椒分别洗净，切成细条。
3 豆芽、黑木耳丝下入沸水中焯煮，捞出，沥干水分。
4 把烤芝麻酱倒入玻璃罐中，再依次逐层放入黑木耳、黄瓜、红甜椒、绿甜椒、豆芽、松子仁。

Tips

●黑木耳中含有丰富的胶质，除有促进肠蠕动的作用外，还有很强的吸附能力，可把残留于消化道内的有害物质吸附集中起来排出体外，并能减少身体对油脂的吸收，常吃可排毒、养颜、瘦身。

黄圆椒花菜沙拉

热量：230 kcal
分量：1 人份

【食材】

南瓜 80 克，胡萝卜 1/4 根，黄圆椒 1/2 个，花菜 1/4 棵，西蓝花 1/4 棵，杏仁（碾碎）适量

【沙拉酱】

番茄醋汁

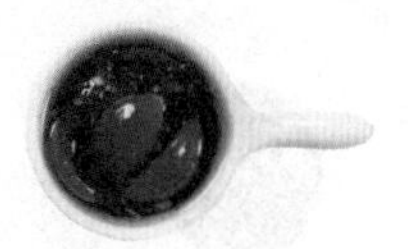

【做法】

1 南瓜、胡萝卜分别去皮，切成小块。
2 黄圆椒切成粗丝。
3 花菜、西蓝花分别洗净，分成小朵。
4 杏仁碾碎，备用。
5 南瓜、花菜、西蓝花分别焯煮至断生，捞出沥干，晾凉。
6 将番茄醋汁倒入玻璃罐中，再依次逐层放入南瓜、胡萝卜、黄圆椒、花菜、西蓝花、杏仁碎。

Tips

●大鱼大肉不再是美味的代名词，现代人越来越在乎吃得健康，选择“轻食”排出体内的毒素。轻食不是简单的节食，在控制总热量的同时还需保证营养均衡。偶尔用南瓜代替主食，再搭配些蔬菜、坚果，是个不错的选择。

土豆蔬菜沙拉

热量：328 kcal
分量：1 人份

【食材】

土豆 200 克，鸡蛋 80 克，黄瓜 145 克

【沙拉酱】

蛋黄酱

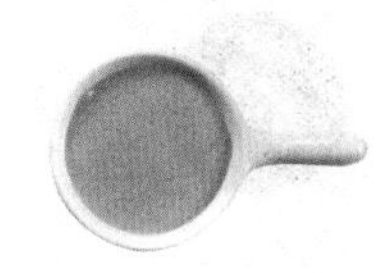

【做 法】

1 洗净的土豆蒸熟。
2 鸡蛋放入沸水锅中，煮熟后取出放入冷水中浸泡。
3 将鸡蛋捞出，去壳，切成小丁。
4 蒸熟的土豆去皮，压成土豆泥。
5 洗净的黄瓜切成小丁，装入碗中。
6 再加入土豆泥、鸡蛋、黄瓜、蛋黄酱，搅匀即可。

Tips

●煮熟的鸡蛋放入冷水中浸泡冷却，可方便去除鸡蛋壳，保持鸡蛋的整体外观。

热量：206 kcal
分量：1 人份

土豆菠菜胡萝卜沙拉

【食材】

土豆 150 克，菠菜 1/2 棵，胡萝卜 1/4 根，洋葱 1/8 个，圣女果 4 个

【沙拉酱】

番茄醋汁

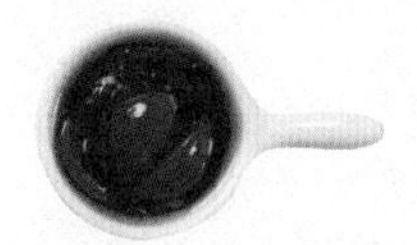

【做 法】

1 土豆用蒸锅蒸熟，剥皮后切成小块。

2 菠菜洗净，切成长段，用沸水焯烫片刻，去除草酸，捞出，沥干水分。

3 胡萝卜、洋葱分别洗净、去皮，切成细丝。

4 圣女果对半切开。

5 依照番茄醋汁、土豆、菠菜、胡萝卜、洋葱、圣女果的顺序，逐层放入玻璃罐中。

Tips

●加入足量的土豆，能增强饱腹感，可代替一顿正餐。菠菜、胡萝卜、圣女果这些颜色不同的蔬菜，富含不同的有益营养素。

生菜蟹柳沙拉

热量：82 kcal
分量：1 人份

【食 材】

蟹柳 50 克，生菜 30 克，香菜 5 克，盐少许

【沙拉酱】

凯撒酱

【做 法】

1 蟹柳放入沸水中焯熟，捞出晾凉，切成小段。
2 生菜撕成小片，放入沸腾的盐水中焯熟，捞出晾凉。
3 将蟹柳、生菜依次在容器中叠加。
4 淋上凯撒酱，装饰上香菜即可。

Tips

●蟹柳是一种用鱼肉糜做的加工食品，鱼肉中脂肪含量很低，对瘦身者而言是优选食物之一。

甜橙洋葱沙拉

热量：94 Kcal
分量：1 人份

【食材】

甜橙 80 克，洋葱 50 克，薄荷叶少许，茴香叶少许

【沙拉酱】

酸奶酱

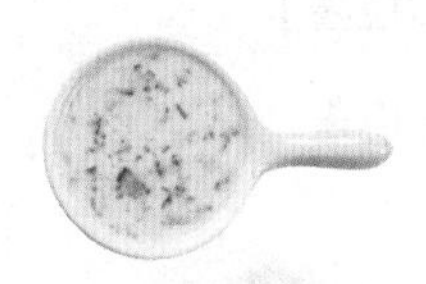

【做 法】

1 薄荷叶、茴香叶均洗净。
2 甜橙去皮，取果肉，切片。
3 洋葱去皮洗净，切丝，焯水至断生，捞出待用。
4 将洋葱、甜橙、薄荷叶、茴香叶装入容器中，与酸奶酱拌匀即可。

Tips

●常食洋葱能够预防癌症、降低胆固醇，还可以帮助人体清洁肠道。

牛蒡萝卜香菇沙拉

热量：220 kcal
分量：1 人份

【食材】

牛蒡、白萝卜各 50 克，核桃仁 15 克，樱桃萝卜 2 个，香菇 2 个，苦菊 1 小把

【沙拉酱】

烤芝麻酱

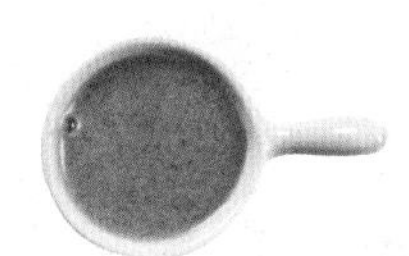

【做 法】

1 牛蒡、白萝卜分别洗净、去皮，切成薄片。
2 香菇洗净，切成薄片。
3 牛蒡、香菇分别用沸水焯煮至断生，捞出沥干水分，晾凉。
4 苦菊洗净，切成小段。
5 核桃仁碾碎。
6 樱桃萝卜对半切开。
7 将烤芝麻酱倒入玻璃罐中，再依次逐层放入牛蒡、白萝卜、核桃碎、樱桃萝卜、香菇、苦菊。

Tips

●一提到富含膳食纤维的食物，人们首先就想到绿叶蔬菜，其实牛蒡、香菇这些性质温和的根茎类蔬菜和菌菇类蔬菜，膳食纤维含量更高，尤其适合老人、肠胃不好的人以及体弱多病者食用。

茄子甜椒黄瓜沙拉

热量：168 kcal
分量：1 人份

【食材】

茄子 1/2 个，黄瓜 1/3 根，黄甜椒 2 个，红甜椒 2 个，鸡胸肉 80 克，紫苏叶适量

【沙拉酱】

意式油醋汁

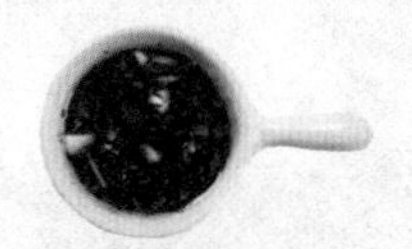

Tips

●富含蛋白质的食物很多，但其氨基酸比例不同，越接近人体蛋白质的氨基酸比例，越容易被人体吸收利用，这种蛋白质称为“优质蛋白质”。鸡胸肉不仅是优质蛋白质的来源，而且脂肪含量低，非常健康。

【做法】

1 茄子、黄瓜分别洗净去皮，切成小块。
2 黄甜椒、红甜椒分别洗净，切成小丁。
3 鸡胸肉放入蒸锅中蒸熟，晾凉后用手撕成细丝。
4 茄子、紫苏叶分别用沸水焯烫至熟，捞出，沥干水分，晾凉。
5 把意式油醋汁倒入玻璃罐中，再依照茄子、黄瓜、红甜椒、黄甜椒、鸡胸肉、紫苏叶的顺序逐层放入。

豆豉鱼番茄沙拉

鸡胸肉蜂蜜黄芥末沙拉

豆豉鱼番茄沙拉

热量：487 kcal	分量：2 人份

【食材】

豆豉鱼罐头 80 克，黄瓜 1/2 根，黑橄榄 30 克，番茄 1/2 个，鸡蛋 1 个，生菜 2 片

【沙拉酱】

油醋汁 ——

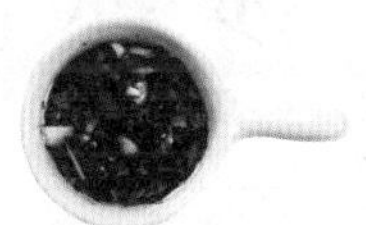

【做 法】

1 黄瓜洗净，切成丁。
2 黑橄榄切成圆片。
3 番茄洗净，切成丁。
4 鸡蛋放入烧开的水中，煮 10 分钟至熟，捞出晾凉后剥壳，切成 8 小瓣。
5 生菜洗净后撕成小片。
6 依照油醋汁、豆豉鱼、黄瓜、黑橄榄、番茄、水煮蛋、生菜的顺序，逐层放入玻璃罐中。

Tips

●油醋汁中加入少许蒜末更能提升口感。大量新鲜蔬菜、水煮蛋以及黑橄榄都很耐嚼，每一口都心满意足。

鸡胸肉蜂蜜芥末沙拉

热量：281kcal	分量：1 人份

【食材】

鸡胸肉 50 克，莲藕 50 克，胡萝卜 1/4 根，芹菜 1 根，米豆腐 30 克，紫甘蓝 20 克，盐、胡椒粉各少许

【沙拉酱】

蜂蜜芥末酱 ——

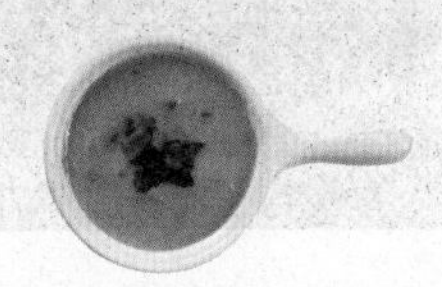

【做 法】

1 鸡胸肉用刀划几道，用盐、胡椒粉腌渍入味后，加热至熟，撕成细丝。
2 莲藕洗净，去皮，切成扇形小片。
3 胡萝卜洗净，去皮，切成细丝。
4 莲藕、胡萝卜焯煮至熟，捞出沥干。
5 芹菜切成薄片；紫甘蓝切成细丝。
6 米豆腐切成小方块，备用。
7 依照蜂蜜芥末酱、芹菜、莲藕、胡萝卜、米豆腐、鸡肉、紫甘蓝的顺序放入玻璃罐中。

Tips

●高蛋白、低热量的鸡胸肉和蜂蜜芥末酱非常搭配。

莎莎酱蔬果沙拉

热量：178 kcal
分量：1 人份

【食材】

胡萝卜 1/3 根，花菜 1/8 棵，芹菜 1/4 根，橙子 4 片，芝士碎 2 大匙，西蓝花 1/8 棵

【沙拉酱】

莎莎酱

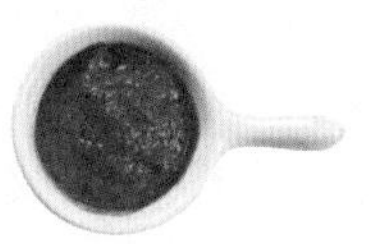

【做法】

1 胡萝卜、芹菜分别洗净，切成小块。
2 花菜、西蓝花分别洗净，切成小朵，下入沸水中焯煮至熟，捞出沥干水分，晾凉。
3 橙子取出果肉。
4 依照莎莎酱、胡萝卜、花菜、芹菜、橙子、芝士碎、西蓝花的顺序，逐层放入玻璃罐中。

Tips

●蔬菜和水果完美地融合在一道沙拉中，芝士更提升整体口感。想要不长胖，要慎选高纤低热的食材，还要学会运用低脂低糖的天然酱料。

热量：138 kcal
分量：1 人份

五彩杂蔬原味沙拉

【食材】

洋葱 1/8 个，胡萝卜 1/4 根，毛豆 40 克，盐少许，甜玉米 60 克，紫甘蓝、卷心菜各 20 克

【沙拉酱】

蛋黄酱

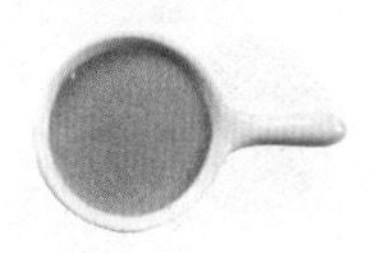

【做法】

1 洋葱洗净，切成小碎丁。
2 胡萝卜洗净去皮，切成细丝。
3 紫甘蓝、卷心菜分别洗净，切成细丝。
4 毛豆、甜玉米下入沸水中，加盐，煮至熟，捞出，沥干水分，晾凉。
5 卷心菜用沸水焯烫片刻，捞出，沥干水分。
6 再依次把洋葱丁、胡萝卜丝焯熟，捞出，沥干水分，晾凉。
7 依照蛋黄酱、洋葱丁、胡萝卜、毛豆、甜玉米粒、紫甘蓝、卷心菜的顺序，逐层放入玻璃罐中。

Tips

●常见的蔬菜大都具有丰富的色彩、鲜甜的滋味，以及不同的营养价值，稍加搭配就能创造出一道令人惊喜的美味。

家常风味什锦沙拉

热量：316 kcal
分量：1 人份

【食材】

千张 100 克，黄豆芽 70 克，胡萝卜 1/3 根，黄瓜 1/4 根，火腿片 2 片

【沙拉酱】

蛋黄酱

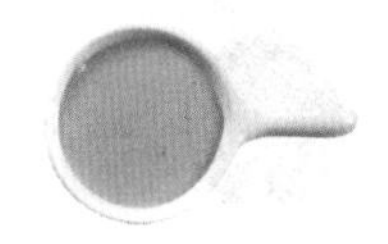

【做法】

1 千张切成细丝。
2 千张丝、黄豆芽用沸水焯煮至断生，捞出，沥干水分，晾凉。
3 胡萝卜、黄瓜分别洗净，去皮，切成细丝。
4 火腿片切成细丝。
5 依照蛋黄酱、胡萝卜、黄瓜、黄豆芽、千张、火腿的顺序，逐层放入玻璃罐中。

Tips

●每种食材都切成丝状，不管拌还是吃都非常方便，适合用筷子食用。千张富含植物蛋白，可以补充蔬菜中缺乏的营养成分，又能增强饱腹感。

热量：217 kcal
分量：1 人份

芥末双豆沙拉

【食材】

牛蒡 1/8 根，红腰豆 2 大匙，鹰嘴豆 2 大匙，西蓝花 60 克，生菜 1 片

【沙拉酱】

蜂蜜芥末酱

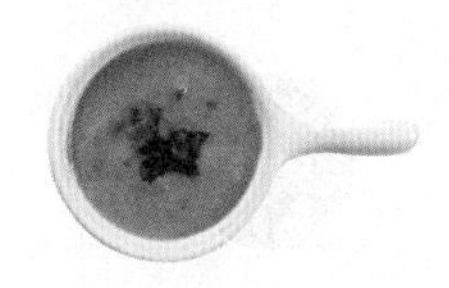

【做法】

1 牛蒡斜切成片。
2 西蓝花洗净，分成小朵。
3 将牛蒡、鹰嘴豆、西蓝花分别下入沸水中焯煮至熟，捞出，沥干水分，晾凉。
4 生菜洗净，用手撕成小片。
5 依照蜂蜜芥末酱、牛蒡、红腰豆、鹰嘴豆、西蓝花、生菜的顺序，逐层放入玻璃罐中。

Tips

●蔬菜、水果并不是膳食纤维的唯一来源，豆类中的膳食纤维含量也非常高，因此同样具有通便、排毒、清理体内垃圾的作用，尤其适合老年人及体弱者、胃寒者食用。

鹰嘴豆西芹法式沙拉

热量：262 kcal
分量：1 人份

【食 材】

鹰嘴豆 60 克，紫洋葱 50 克，西芹 40 克，杏仁片 20 克，草莓 3 颗，黑橄榄 2 大匙，生菜 2 片

【沙拉酱】

蛋黄酱

【做 法】

1 鹰嘴豆提前泡软，放入锅中煮熟，捞出，沥干水分，晾凉。
2 紫洋葱洗净后切成丝。
3 西芹、草莓、黑橄榄分别切成薄片。
4 西芹用沸水略焯一下，沥干水分，稍待晾凉。
5 生菜洗净，用手撕成小片。
6 依照蛋黄酱、鹰嘴豆、紫洋葱、西芹、杏仁片、草莓、黑橄榄、生菜的顺序，逐层放入玻璃罐中。

Tips

●加了很多富含膳食纤维及维生素的蔬果，可以帮助身体清理积存的垃圾。

●鹰嘴豆充满异域风情，而且营养丰富。

热量：158 kcal
分量：1 人份

南瓜洋葱荷兰豆沙拉

【食材】

南瓜 50 克，紫洋葱 1/4 个，芹菜 1/4 根，荷兰豆 20 克，腰果 2 大匙

【沙拉酱】

番茄醋汁

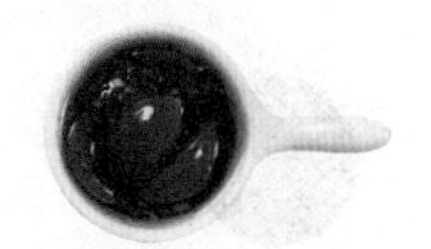

【做法】

1 南瓜去皮，切成小块。
2 紫洋葱洗净，切成丝。
3 芹菜洗净，切成薄片。
4 南瓜、荷兰豆用沸水焯熟，捞出，沥干水分，晾凉。
5 把番茄醋汁倒入玻璃罐中，再依照芹菜、紫洋葱、南瓜、荷兰豆、腰果的顺序逐层放入。

Tips

●这道沙拉非常适合高血糖、高血脂、高血压的人食用。南瓜有很好的辅助降糖功效，紫洋葱是降血脂的优质食材，芹菜是高钾的天然降压药，三者一起食用口感也很不错。

虾仁西蓝花卤蛋沙拉

热量：258 kcal
分量：1 人份

【食材】

虾 6 只，洋葱 1/8 个，牛油果 1/4 个，黑橄榄 30 克，西蓝花 30 克，卤蛋 1 个，生菜 1 片，柠檬汁少许

【沙拉酱】

莎莎酱

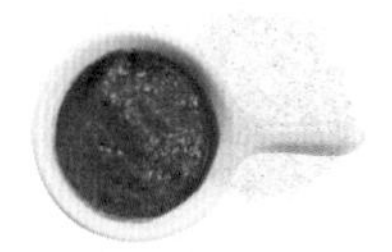

【做 法】

1 虾去壳、去虾线，用沸水烫熟，捞出晾凉。
2 洋葱洗净，切成碎粒。
3 牛油果切成小方块，并淋上少许柠檬汁。
4 黑橄榄、卤蛋分别切成圆片。
5 西蓝花分成小朵，用沸水中焯煮至熟，捞出，沥干水分，晾凉。
6 生菜洗净，用手撕成小片。
7 依照莎莎酱、洋葱、牛油果、黑橄榄、虾仁、西蓝花、卤蛋、生菜的顺序，逐层放入玻璃罐中。

Tips

●虾仁是高蛋白低脂肪的优质食材，用清水煮熟的虾仁方便储存，蘸酱后风味独特。

●卤蛋、牛油果是补充能量的“实力派”，洋葱、西蓝花可防止血脂升高。

原味百香鲜果

热量：203 kcal
分量：1 人份

【食材】

百香果 1 个，牛油果 1/2 个，橙子 1/2 个，红心火龙果 1/4 个，菠萝 1/8 个，红提子 4~5 颗

【沙拉酱】

酸奶酱

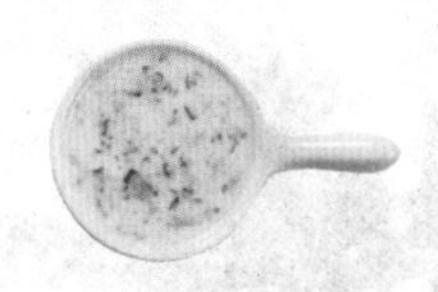

Tips

●百香果有着迷人芳香，富含人体必需的 17 种氨基酸及多种维生素、微量元素等有益成分，具有消除疲劳、消炎祛斑等神奇功效。红提子可提神解酒，抗肿瘤。菠萝含菠萝朊酶，能分解蛋白质，帮助消化，并能促进血液循环。水果搭配沙拉酱的爽滑口感，滋味无穷。

【做 法】

1 百香果取果汁、果肉，先倒入玻璃罐中。
2 牛油果切成小方块。
3 橙子、红心火龙果分别去皮后切块。
4 菠萝切成小块。
5 红提子对半切开。
6 依次放入酸奶酱、牛油果、橙子、红心火龙果、菠萝、红提子。

果香鸡肉鲜蔬沙拉

葡萄柚坚果沙拉

果香鸡肉鲜蔬沙拉

热量：329 kcal	分量：1 人份

【食材】

鸡胸肉 50 克，盐、黑胡椒、料酒各少许，番茄 1/2 个，黄瓜 1/3 根，葡萄柚 1/4 个，生菜 1 片

【沙拉酱】

莎莎酱 ——

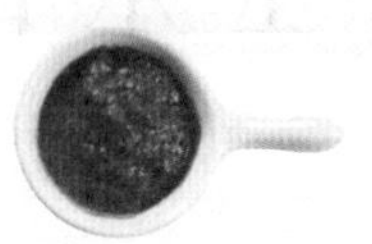

【做 法】

1 鸡胸肉用刀划几道，放入容器中，撒上盐、黑胡椒，倒入料酒，腌渍片刻，放入锅中煎熟后撕成细丝。
2 番茄、黄瓜洗净，切成小方块。
3 葡萄柚去除薄皮。
4 生菜洗净，用手撕成小片。
5 依照莎莎酱、番茄、黄瓜、葡萄柚、鸡胸肉、生菜的顺序，逐层放入玻璃罐中。

Tips

●鸡胸肉经过简单的处理，再搭配酱汁，便具有独特的风味。葡萄柚清香解腻，可补充维生素 C。

葡萄柚坚果沙拉

热量：357 kcal	分量：1 人份

【食材】

芹菜 1/3 根，胡萝卜 1/2 根，葡萄柚 1/4 个，葡萄干 1 大匙，核桃仁 3 个，生菜适量，苦菊适量

【沙拉酱】

酸奶酱 ——

【做 法】

1 芹菜洗净，切成小段。
2 胡萝卜洗净去皮，切成细丝。
3 葡萄柚去除薄皮。
4 核桃仁碾碎。
5 生菜洗净，用手撕成小片。
6 苦菊洗净，切成小段。
7 依照酸奶酱、芹菜、胡萝卜、葡萄柚、核桃、生菜、苦菊的顺序，逐层放入玻璃罐中。

Tips

●葡萄柚是少有的富含钾而几乎不含钠的水果，适合高血压、心脏病及肾脏病患者食用。

玉米青豆沙拉

热量：217 kcal
分量：1 人份

【食材】

圣女果 30 克，玉米 50 克，青豆 10 克，盐少许

【沙拉酱】

蛋黄酱

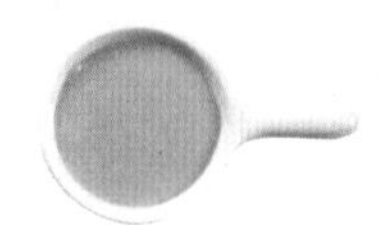

【做 法】

1 圣女果洗净，对半切开，备用。
2 玉米切成小块。
3 沸水中放入少许盐，加入玉米、青豆焯熟，捞出，沥干水分。
4 将所有食材放入碗中，食用时拌入蛋黄酱即可。

Tips

●青豆含有较为丰富的膳食纤维，可以防止便秘，有清肠作用。

环形彩蔬沙拉

热量：62 Kcal
分量：1 人份

【食材】

茄子 1 条，西葫芦 1 根，花菜 1 朵，番茄 2 个，干百里香碎适量

【沙拉酱】

蜂蜜芥末酱

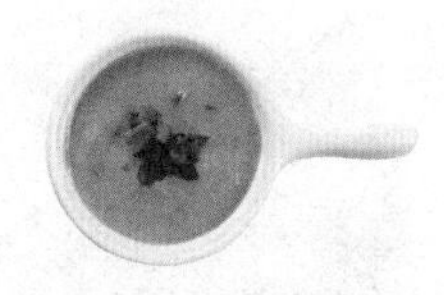

【做法】

1 将茄子、西葫芦、花菜、番茄切厚片，备用。
2 茄子、西葫芦、花菜放入沸水中烫熟，捞出，沥干水分，晾凉。
3 将茄子、西葫芦、花菜、番茄交叉叠放，撒上干百里香碎。
4 食用时加入蜂蜜芥末酱，拌匀即可。

Tips

●食材焯水时，可在沸水中放入少许盐，味道会更佳。

热量：260 kcal

分量：1人份

柠香海鲜沙拉

【食材】

鲜虾、鱿鱼各80克，胡萝卜50克，荷兰豆30克，柠檬1个，姜片、葱段各少许

【沙拉酱】

塔塔酱

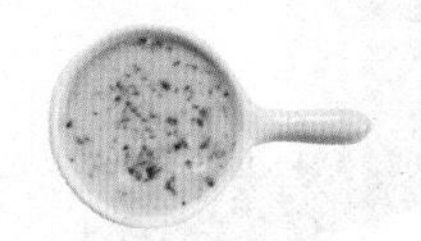

【做法】

1 鲜虾挑出虾线；鱿鱼切花刀。
2 胡萝卜洗净去皮，切出形状，放入沸水中焯熟。
3 荷兰豆洗净，对半切开，放入沸水中焯熟，捞出沥干。
4 柠檬切片，留半颗备用；沸水中放入葱段、姜片、柠檬片。
5 鱿鱼、鲜虾放入沸水中，焯熟后捞出沥干。
6 橙子取瓣，切成小块，放入碗中，加入玉米粒，挤入柠檬汁，食用时拌入塔塔酱，搅匀即可。

Tips

●若想更增添风味，可撒上黑胡椒粉食用。这道沙拉有抗辐射、美白肌肤等作用。

热量：182 kcal
分量：1 人份

蔬菜沙拉

【食材】

圣女果 30 克，菜花、西蓝花各 50 克，西葫芦 40 克，香蕉 1 根，盐少许

【沙拉酱】

橙皮酱

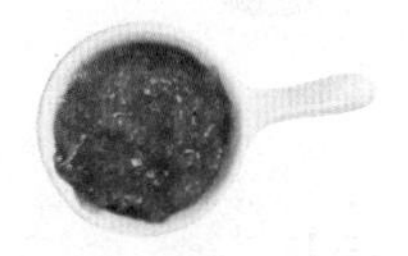

【做 法】

1 圣女果对半切开。
2 柠檬切成小瓣，放入沸水中。
3 沸水中放入切成小朵的菜花、西蓝花焯熟。
4 将焯熟的菜花、西蓝花捞出沥干，晾凉。
5 西葫芦加少许盐，腌渍片刻。
6 香蕉去皮，切片，放入菜花、西蓝花、西葫芦、圣女果中，食用时淋入橙皮酱，拌匀即可。

Tips

●菜花、西蓝花在焯熟后，可浸入冰水片刻，有助于保持蔬菜的新鲜度。

紫叶生菜沙拉

热量：62 kcal
分量：1 人份

【食材】

紫叶生菜、生菜、黄瓜各 50 克，番茄 1 个

【沙拉酱】

蜂蜜芥末酱

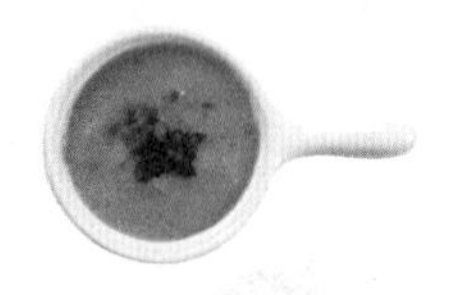

【做 法】

1 紫叶生菜和生菜择洗干净，沥干水分，备用。
2 黄瓜洗净，切成片。
3 番茄洗净，切成片。
4 取一盘，放入紫叶生菜、生菜、黄瓜、番茄。
5 拌入蜂蜜芥末酱即可食用。

Tips

●黄瓜不仅可以补充人体所需的大量营养，还能促进消化，从而达到理想的减肥效果。

薄荷水果沙拉

热量：179 kcal
分量：1 人份

【食材】

哈密瓜、无花果各 80 克，覆盆子、桑葚各 40 克，樱桃、蓝莓各 20 克，薄荷叶 8 克

【沙拉酱】

酸奶酱

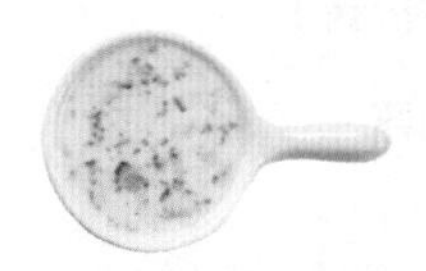

【做 法】

1 覆盆子、桑葚、樱桃、蓝莓、薄荷叶均洗净，备用。
2 无花果洗净，对半切开。
3 哈密瓜取果肉，挖成球。
4 将覆盆子、桑葚、樱桃、蓝莓、薄荷叶、无花果、哈密瓜一同放入玻璃杯中。
5 食用时，浇上酸奶酱即可。

Tips

●无花果味甘性凉，归肺、胃、大肠经，具有清热生津、健脾开胃、解毒消肿的功效，还能润肠通便。

菠萝水果盅

热量：111 kcal
分量：1 人份

【食材】

小菠萝 1 只，红提子 10 克，圣女果 10 克，猕猴桃 10 克，橙子 10 克

【沙拉酱】

酸奶酱

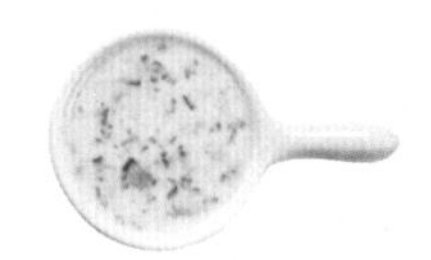

【做法】

1 小菠萝挖出果肉，留着果皮做容器。
2 红提子洗净，对半切开。
3 圣女果洗净，切成 4 小瓣。
4 猕猴桃切成小片。
5 橙子去皮，切成小块。
6 将切好的水果放入菠萝容器中。
7 挤入酸奶酱，食用时拌匀即可。

Tips

●挖出的菠萝肉可以加少许蜂蜜，打成菠萝汁。

火龙果小盅

热量：94 kcal
分量：1 人份

【食材】

菠萝 30 克，火龙果 30 克，木瓜 30 克

【沙拉酱】

蛋黄酱

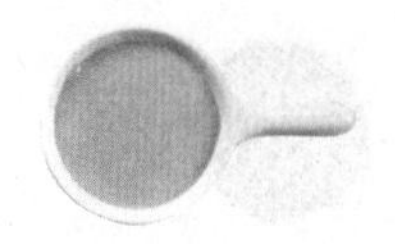

【做 法】

1 菠萝切成小方块。
2 木瓜切成小方块。
3 火龙果取出果肉，切成小方块，留下果皮作为容器。
4 将切好的水果放入火龙果盅内。
5 食用时蘸取蛋黄酱即可。

Tips

●菠萝切成小方块后，放入盐水中浸泡片刻，再沥干水分。

蜜瓜五彩沙拉

热量：168 kcal
分量：1 人份

【食材】

哈密瓜 200 克，桑葚 50 克，蓝莓 20 克，醋栗 10 克，薄荷叶 5 克

【沙拉酱】

橙皮酱

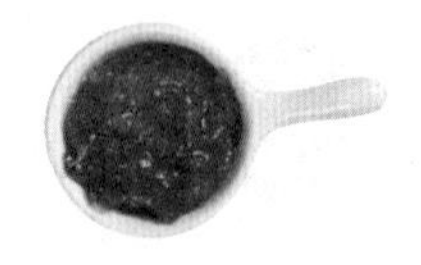

【做 法】

1 哈密瓜洗净，切半，取一半掏空果肉，挖成小球。
2 桑葚、蓝莓和醋栗洗净，装入掏空的哈密瓜里。
3 饰以薄荷叶。
4 食用时蘸取橙皮酱即可。

Tips

●蓝莓的营养价值远高于苹果、葡萄、橘子等水果，堪称“世界水果之王”，热量低，果酸含量丰富，能很好地帮助爱美的女性达到瘦身的目的。

热量：93 kcal
分量：1人份

鲜果橘子沙拉

【食材】

橘子壳2个，猕猴桃、石榴子、草莓、葡萄柚、黑加仑、青提各20克，薄荷叶适量

【沙拉酱】

酸奶酱

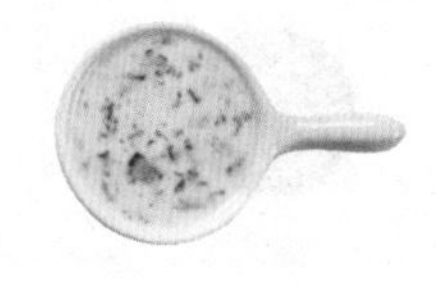

【做法】

1 猕猴桃洗净切片。
2 草莓洗净，对半切开。
3 青提洗净，对半切开。
4 葡萄柚取果肉，切成小块。
5 黑加仑切圈。
6 将所有水果放入橘子壳，放上石榴子，用薄荷叶点缀，食用时添加酸奶酱即可。

Tips

●石榴含有丰富的果蔬纤维，可以清理肠道；还含有丰富的抗氧化物质，具有很强的促进新陈代谢的作用，除了可以减肥之余，对皮肤也很好。

牛油果柚子沙拉

热量：252 kcal
分量：1 人份

【食材】

牛油果 120 克，柚子 50 克，洋葱 10 克，盐少许

【沙拉酱】

油醋汁

【做法】

1 牛油果洗净去皮，对半切开，去核，将一半的牛油果摆入盘中。
2 柚子去皮，取果肉，掰成小块。
3 洋葱洗净，切成小粒。
4 将切成粒的洋葱放入加盐的沸水中焯至熟，捞出，沥干水分。
5 将柚子肉、洋葱粒摆在牛油果上，淋上油醋汁即可。

Tips

●牛油果中含有的水分、膳食纤维、油酸等成分，可保持消化系统的正常，促进代谢，降低胆固醇含量，对减肥也有帮助。

猕猴桃甜橘沙拉

热量：176 kcal
分量：1 人份

【食材】

猕猴桃 50 克，橘子 80 克，西柚 20 克，香蕉 1 根

【沙拉酱】

凯撒酱

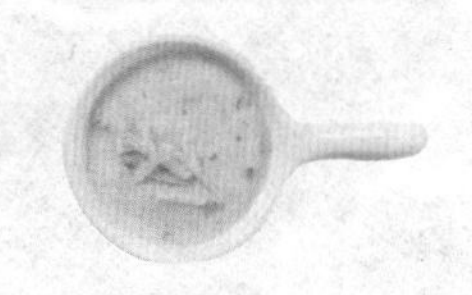

【做法】

1 猕猴桃去皮，取果肉，切成半圆形小片。
2 香蕉去皮，切成小片。
3 西柚去皮，切成小片。
4 橘子剥皮，剥成小瓣。
5 将所有食材放入杯中，食用时淋入凯撒酱即可。

Tips

●猕猴桃去皮时，先切开头尾，用勺子沿着边把果肉挖一圈，即可轻松取出果肉。

第5章

温馨晚安

——晚餐要适量才是正道

下班不用赶，
晚餐随手做！
简单的食材稍微处理一下，
一道便捷的晚餐就做好了。
营养好吃不长胖，
让你轻松拥有曼妙曲线！

卷心菜紫甘蓝沙拉

热量：81 kcal
分量：1 人份

【食材】

紫甘蓝 70 克，卷心菜 30 克，洋葱 20 克，莳萝少许

【沙拉酱】

蜂蜜芥末酱

【做法】

1 紫甘蓝洗净，切丝。
2 卷心菜择洗干净后切丝。
3 莳萝洗净，沥干水分。
4 洋葱洗净，切圈，然后放入沸水锅中焯熟。
5 将上述食材摆入盘中。
6 淋入蜂蜜芥末酱，搅拌均匀即可。

Tips

●紫甘蓝食法多样，可煮、炒、凉拌、腌渍等，经常吃紫甘蓝对维护皮肤健康十分有益。

彩椒卷心菜沙拉

热量：133 kcal
分量：1 人份

【食 材】

卷心菜 200 克，彩椒、黑芝麻各适量

【沙拉酱】

蛋黄酱

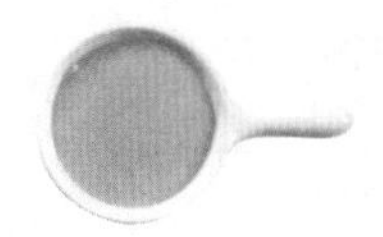

【做 法】

1 卷心菜洗净切片。
2 彩椒洗净，去籽，切片。
3 将卷心菜放入碗中，放入彩椒片、黑芝麻。
4 食用时拌入蛋黄酱即可。

Tips

●卷心菜富含叶酸，具有很强的抗氧化及抗衰老的功效。

原味卷心菜沙拉

热量：146 kcal
分量：1 人份

【食材】

卷心菜 120 克，菠萝肉 115 克，番茄 150 克，碎薄荷叶 10 克，盐 1 克，醋少许

【沙拉酱】

酸奶酱

【做法】

1 将卷心菜洗净，放入加盐的沸水中焯一下，捞出放盘中，淋上醋；菠萝肉用淡盐水浸泡后切小块；将番茄洗净，去蒂，切小块。

2 将切好的菠萝肉和番茄放入沙拉碗中，倒入酸奶酱拌匀。

3 将沙拉碗放冰箱冷藏一会儿，再将拌好的材料倒在卷心菜上，撒上碎薄荷叶即可。

Tips

●菠萝肉中含有蛋白质、糖类、氨基酸、胡萝卜素、膳食纤维等，有减肥、美容、保健、清理肠胃以及预防感冒的功效。

热量：115 kcal
分量：1 人份

黄瓜沙拉

【食材】

黄瓜 1 条，白萝卜 100 克，柠檬半个，白芝麻少许，红辣椒丝少许

【沙拉酱】

番茄醋汁

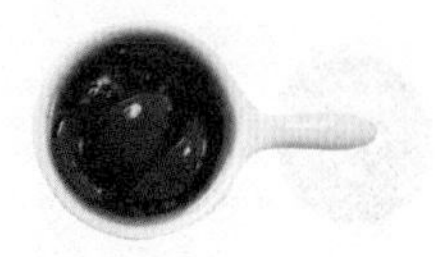

【做 法】

1 黄瓜洗净、沥干，切成 5 厘米长的段，放入碗中，撒上盐，拌匀腌渍片刻。
2 洗净的白萝卜去皮、切块，再切成 5 厘米长的段；将柠檬对半切开，切成 1/4 大的片。
3 倒出腌好的黄瓜段中的水分，沥干。
4 备好的碗中放入黄瓜段和白萝卜段，倒入番茄醋汁，腌渍片刻，放入柠檬片，搅拌均匀，放入红辣椒丝，撒上白芝麻，拌匀即可。

Tips

●爽脆甜口的黄瓜，搭配白萝卜和柠檬，吃起来酸酸甜甜的，是饭前开胃菜。换一种方式做沙拉，黄瓜的清新口感和少许的柠檬汁，改善了番茄醋汁浓重的味道，多了柠檬的芳香味。

黄瓜番茄沙拉

热量：87 kcal
分量：1 人份

【食材】

小黄瓜 100 克，四色圣女果 80 克，白洋葱 50 克，蓝纹芝士适量

【沙拉酱】

莎莎酱

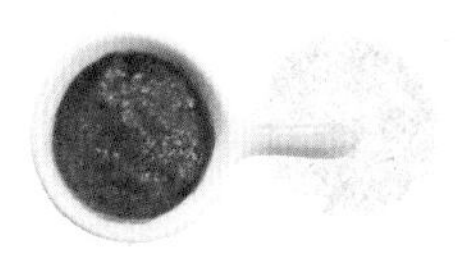

【做 法】

1 把小黄瓜、四色圣女果、白洋葱清洗干净，沥干水分。
2 将小黄瓜切成薄片，四色圣女果切瓣。
3 白洋葱切成丝，蓝纹芝士打碎。
4 把所有食材摆入盘中。
5 淋上莎莎酱，再撒上蓝纹芝士即可。

Tips

●使用刨皮器就能得心应手地把小黄瓜刮成薄长片。

热量：217 kcal
分量：1 人份

黄瓜金枪鱼沙拉

【食材】

小黄瓜 50 克，罐头金枪鱼肉 30 克，甜菜根 40 克，胡萝卜 30 克，黑橄榄 15 克，枸杞芽少许，熟白芝麻、熟黑芝麻各适量

【沙拉酱】

油醋汁

【做 法】

1 将小黄瓜、甜菜根、胡萝卜、枸杞芽洗净，备用。

2 用刮丝器把小黄瓜、胡萝卜刮出丝；黑橄榄切片；甜菜根切片，再用模具压成小圆片；金枪鱼肉撕块。

3 锅中注水烧开，倒入甜菜根片，煮至熟透，捞出。

4 把小黄瓜丝、胡萝卜丝、枸杞芽、金枪鱼肉摆入盘中，撒入熟黑芝麻、熟白芝麻，盘边点缀黑橄榄片、甜菜根圆片，食用时淋入油醋汁即可。

Tips

●金枪鱼肉低脂肪、低热量，含有优质的蛋白质，适量进食金枪鱼肉还可以平衡身体所需营养。

五彩蔬菜沙拉

热量：223 kcal
分量：1 人份

【食材】

紫甘蓝、红甜椒、黄甜椒、黄瓜、青豆各 30 克，黑木耳 40 克，生菜 5 片，莲藕 80 克

【沙拉酱】

芝士酱

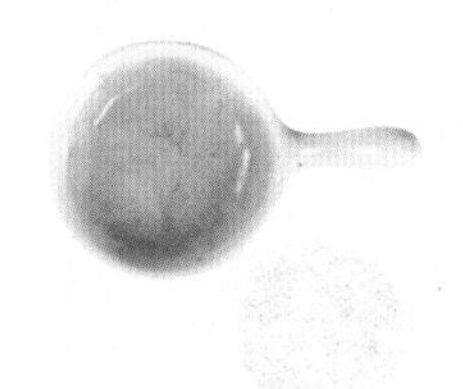

【做法】

1 莲藕洗净去皮，切成片。
2 将莲藕、青豆、黑木耳放入沸水中焯熟，捞出沥干，备用。
3 紫甘蓝洗净，切成小片。
4 红甜椒、黄甜椒分别洗净，切成小片。
5 黄瓜洗净去皮，切成丁。
6 生菜洗净，沥干水分。
7 将莲藕片放于盘中，放上生菜、木耳、青豆、紫甘蓝、红甜椒、黄甜椒、黄瓜，拌入芝士酱，即可食用。

Tips

●木耳要保持爽口的口感，可以在焯熟后浸入冰水片刻，再捞出沥干水分。

有机蔬菜沙拉

热量：120 kcal
分量：1 人份

【食材】

胡萝卜、樱桃萝卜、黄瓜、苦菊、紫叶生菜、芦笋、四季豆各 50 克

【沙拉酱】

蜂蜜芥末酱

【做法】

1 将胡萝卜、樱桃萝卜、黄瓜、苦菊、紫叶生菜、芦笋、四季豆清洗干净，沥干水分。

2 将胡萝卜去皮，部分切成圆片，部分竖着切成薄片；樱桃萝卜切成薄片；黄瓜竖着切成薄片，部分卷起；四季豆斜刀切薄片；芦笋竖着切成薄片；苦菊、紫叶生菜撕成小块。

3 锅中注水烧开，放入四季豆，焯至断生，捞出，浸入冷水中放凉、定色。

4 将所有食材摆入盘中，食用时淋入蜂蜜芥末酱即可。

Tips

●使用锋利尖锐的雕花刀，能更轻易地把食材切成所需的薄片。

夏日鲜蔬沙拉

热量：116 kcal
分量：1 人份

【食 材】

黄瓜 50 克，西葫芦 30 克，茄子 40 克，四色圣女果各 1 颗，葡萄干适量，橄榄油少许

【沙拉酱】

酸奶酱

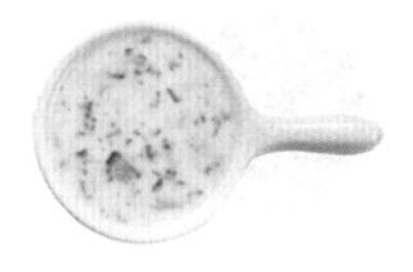

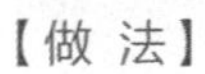

【做 法】

1 把黄瓜、西葫芦、茄子、四色圣女果清洗干净，沥干水分。
2 圣女果切片，西葫芦、茄子切厚圆片，黄瓜纵向切薄片。
3 锅中注入橄榄油烧热，放入西葫芦、茄子煎片刻，取出。
4 将所有食材摆入盘中，淋入酸奶酱即可。

Tips

●剩余的黄瓜、西葫芦、茄子、四色圣女果加酸奶可打蔬菜汁。

热量：186 kcal
分量：1 人份

【食材】

甜菜根 100 克，柳橙 70 克，白萝卜、紫苏苗各适量，奶油芝士少许

【沙拉酱】

酸奶酱

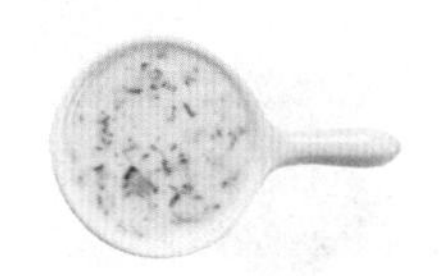

甜菜根柳橙沙拉

【做法】

1 甜菜根、柳橙、白萝卜、紫苏苗洗净，备用。
2 甜菜根、白萝卜切薄片，用模具切成圆片。
3 柳橙去皮切片；奶油芝士打碎。
4 将甜菜根片放入烤箱，以 180℃烤 10 分钟，取出。
5 把甜菜根片、柳橙片、白萝卜片摆放在盘中，撒上奶油芝士，点缀上紫苏苗，淋入酸奶酱即可。

Tips

●甜菜根不仅能健胃消食，还清热解毒，非常利于排毒。

烤甜菜根核桃沙拉

热量：197 kcal
分量：1 人份

【食材】

甜菜根 100 克，核桃仁 20 克，紫洋葱 30 克，芝麻菜、紫苏苗、豆苗各适量

【沙拉酱】

芝士酱

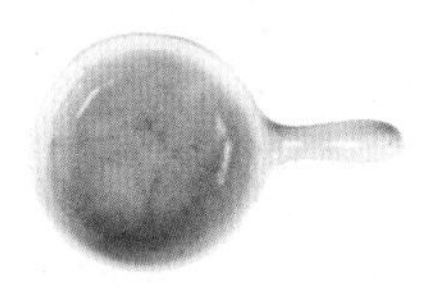

【做 法】

1 把甜菜根、紫洋葱、芝麻菜、紫苏苗、豆苗洗净。
2 紫洋葱切丝。
3 用铝箔纸把甜菜根包裹起来，放入预热 200℃的烤箱内，烤 30 分钟后取出，待冷却后，切瓣。
4 再将核桃仁放入烤箱中，烤至香脆，取出。
5 把芝麻菜、紫苏苗、豆苗摆入盘中垫底，摆上烤熟的甜菜根块，佐以核桃、紫洋葱丝，食用时淋入芝士酱即可。

Tips

●挑选核桃的时候要注意：核桃外壳花纹相对多且浅，核桃仁黄皮色泽艳，且饱满为优质核桃。

烤蔬菜沙拉

热量：189 kcal
分量：1 人份

【食 材】

西葫芦 1 个，黄红彩椒 2 个，茄子 1 个，番茄 1 个，橄榄油、综合香料、盐各适量

【沙拉酱】

凯撒酱

【做 法】

1 将所有的食材洗净，切成片。

2 蔬菜装入碗中，加入橄榄油、综合香料、盐，搅拌匀。

3 将拌好的蔬菜装入焗盘中，用 200℃的温度烘烤 30~35 分钟。

4 取出后装入盘中，拌入凯撒酱即可。

Tips

●西葫芦含有较多的维生素 C、葡萄糖等营养物质，尤其是钙的含量极高，能够调节人体代谢，具有减肥、抗癌、防癌的功效。

蜂蜜牛油果蔬菜沙拉

热量：244 kcal
分量：1 人份

【食材】

牛油果 30 克，手指胡萝卜 40 克，葵花子肉 15 克，枸杞叶、益母草叶、珍珠菜各 10 克，红椒粉 3 克，蜂蜜适量

【沙拉酱】

酸奶酱

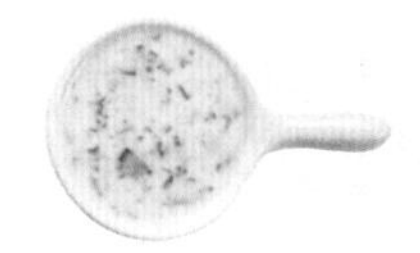

【做法】

1 把手指胡萝卜、益母草叶、珍珠菜、枸杞叶洗净，沥干水分。
2 把牛油果切半，去核，切块。
3 在手指胡萝卜上刷蜂蜜，放入烤箱，180℃烤约 10 分钟至微焦，取出。
4 烧热锅，倒入葵花子肉，翻炒至微黄，倒出，备用。
5 在盘中铺上枸杞叶、益母草叶、珍珠菜，摆放上牛油果块、手指胡萝卜，撒上葵花子肉，盘周围撒上红椒粉点缀，食用时淋上酸奶酱即可。

Tips

●牛油果含有可以将脂肪分解为脂肪酸和水分的消化酵素，果肉脂肪含量高，也易产生饱腹感，更含有代谢燃烧脂肪的油酸。

牛油果番茄沙拉

热量：227 kcal
分量：1 人份

【食材】

番茄、牛油果各 50 克，芝士片 20 克，芝麻菜 30 克，石榴少许

【沙拉酱】

橙皮酱

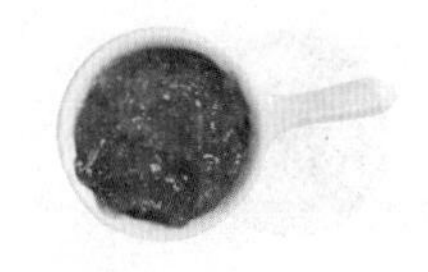

【做法】

1 番茄洗净，切片；芝麻菜洗净。
2 牛油果洗净，去皮后切片。
3 石榴剥开，取子。
4 将上述食材和芝士片放入盘中。
5 加入橙皮酱拌匀即可。

Tips

●番茄里面的番茄红素可以活化成长荷尔蒙，促进新陈代谢，因而有很好的减肥功效，同时还有美容的效果哦。

牛油果紫薯沙拉

热量：489 kcal
分量：2 人份

【食材】

紫薯 150 克，牛油果 100 克，芝士 30 克，熟松子、水芹各 10 克

【沙拉酱】

蜂蜜芥末酱

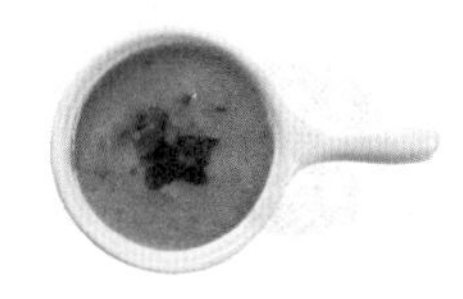

【做 法】

1 水芹洗净切段。
2 紫薯洗净，放锅中用大火蒸熟，取出，放凉后切片。
3 牛油果洗净切片。
4 将紫薯片与牛油果片分层摆成塔形，撒上熟松子。
5 放上芝士、水芹段，淋入蜂蜜芥末酱即可。

Tips

●紫薯茎尖嫩叶中富含维生素、蛋白质、微量元素、可食性纤维和可溶性无氧化物质，经常食用具有减肥、健美和健身防癌等作用。

热量：140 kcal
分量：1 人份

白菜金针菇沙拉

【食材】

白菜 200 克，金针菇 80 克，水发香菇 20 克，彩椒 10 克

【沙拉酱】

塔塔酱

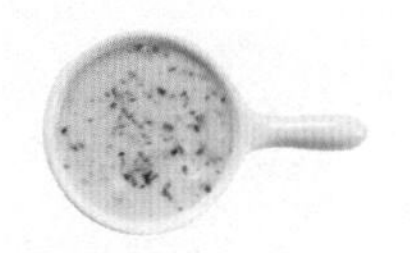

【做 法】

1 白菜洗净，撕大片，焯水后捞出。
2 香菇洗净后切块，焯水。
3 金针菇去尾，洗净后焯水。
4 彩椒洗净，切丝。
5 将白菜、香菇、金针菇与塔塔酱一起拌匀，装盘，撒上彩椒丝即可。

Tips

●白菜含有丰富的微量元素和膳食纤维，具有强身健体的功效。

玉米笋豌豆沙拉

热量：208 kcal
分量：1 人份

【食材】

玉米笋、豌豆各 50 克，洋葱、南瓜各 20 克

【沙拉酱】

塔塔酱

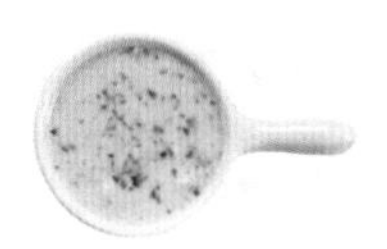

【做法】

1 玉米笋洗净，焯熟。
2 豌豆洗净，焯熟。
3 洋葱洗净，切丝。
4 南瓜洗净，切丁，焯熟。
5 取一碗，装入以上所有食材，食用时拌入塔塔酱即可。

Tips

●玉米笋搭配豌豆，可补充维生素，增强人体活力。

玉米笋西芹沙拉

热量：51 kcal
分量：1 人份

【食材】

玉米笋 30 克，紫叶生菜 20 克，西芹 50 克，洋葱 30 克，圣女果 15 克

【沙拉酱】

凯撒酱

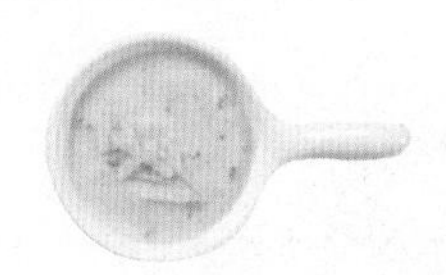

【做 法】

1 玉米笋洗净，入沸水焯熟。
2 紫叶生菜洗净控水。
3 西芹洗净切段，焯熟。
4 洋葱洗净切丝。
5 圣女果洗净切半。
6 将上述食材装盘，拌入凯撒酱即可。

Tips

●玉米笋含有丰富的维生素、蛋白质、矿物质，营养丰富。

杂豆鲜蔬沙拉

热量：370 kcal
分量：1 人份

【食材】

黄豆 30 克，青豆、花生各 20 克，胡萝卜、玉米粒、香菇各 10 克

【沙拉酱】

蛋黄酱

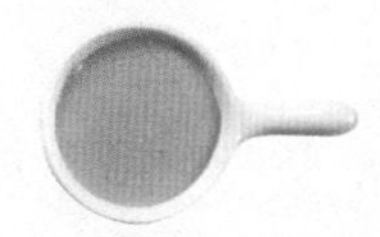

【做法】

1 黄豆放入水中浸泡软。
2 锅中注水烧开，放入黄豆煮至熟透，捞出备用。
3 青豆放入沸水锅中焯熟后，捞出，沥干水分备用。
4 胡萝卜去皮切丁，放入沸水锅中焯熟后，捞出沥干。
5 香菇洗净切丁，放入沸水锅中焯熟，捞出沥干。
6 玉米粒焯熟后，捞出沥干水分，将所有食材放入大碗中，倒入蛋黄酱拌匀，装盘即可。

Tips

●胡萝卜中的胡萝卜素可以使人体细胞显得更加年轻，让我们的身体呈现出一个较为年轻的状态。

和风烤豆腐沙拉

热量：428 kcal
分量：2 人份

【食材】

豆腐 150 克，水芹菜 40 克，洋葱 30 克，牛肉、小黄瓜、胡萝卜各 50 克，鸡蛋 1 个，葱花 5 克，生粉、日式酱油、胡椒粉、橄榄油各适量

【沙拉酱】

烤芝麻酱

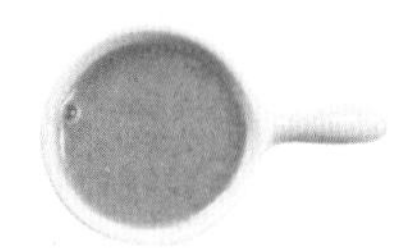

【做法】

1 把水芹菜、牛肉、洋葱、小黄瓜、胡萝卜洗净。
2 豆腐切成块。
3 水芹菜去掉叶子，留梗。
4 牛肉剁末。
5 洋葱、小黄瓜、胡萝卜切丝。
6 鸡蛋取蛋清。
7 牛肉末中倒入日式酱油、胡椒粉拌匀，用豆腐块夹起，裹上生粉，再滚上蛋清。
8 锅中注油烧热，放入豆腐块，炸至微微焦黄。
9 水芹在沸水中烫熟，捞出。
10 把水芹菜绑在豆腐块上，点缀葱花、黄瓜丝、洋葱丝、胡萝卜丝，食用时淋上烤芝麻酱即可。

Tips

●优质豆腐的颜色呈微黄有光泽，闻起来有一股豆香。

热量：334 kcal
分量：1人份

芦笋橙皮沙拉

【食材】

橙子1个，芦笋100克，大杏仁适量

【沙拉酱】

橙皮酱

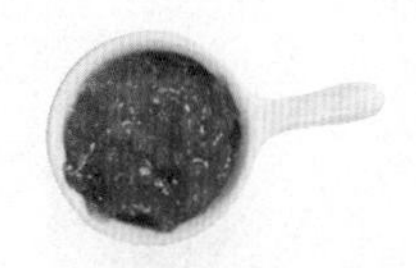

【做法】

1 把橙子、芦笋清洗干净，沥干水分。
2 橙子取皮，部分切丝，用擦丝器将剩余橙子皮擦成屑。
3 芦笋洗净，去除老根，放入沸水中，焯至断生，捞出，沥干水分，晾凉。
4 大杏仁捣碎。
5 在盘中刷上橙皮酱，放入芦笋，撒上大杏仁碎、橙皮丝、橙皮屑即可。

Tips

●橙皮切丝后，浸入冰水中，口感更佳。

芹菜苹果番茄沙拉

热量：104 kcal
分量：1 人份

【食材】

苹果 50 克，黑色番茄 1 颗，三色圣女果 40 克，西芹 30 克，树莓 20 克，盐少许

【沙拉酱】

芝士酱

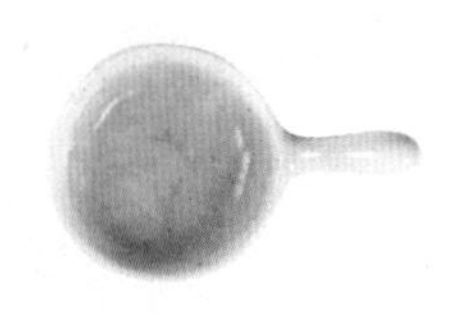

【做 法】

1 把苹果、黑色番茄、三色圣女果、西芹、树莓洗净，沥干水分。
2 苹果切丝，放入盐水中浸泡；黑色番茄切瓣。
3 三色圣女果部分切瓣，剩余切片；西芹切丝。
4 将所有食材摆入盘中，食用时淋上芝士酱即可。

Tips

●使用擦丝器把苹果、西芹擦成丝更省时间。

热量：85 kcal
分量：1 人份

香芹彩椒沙拉

【食材】

香芹叶、菠菜各 40 克，
葱、彩椒各15 克

【沙拉酱】

烤芝麻酱

【做法】

1 香芹叶、菠菜洗净备用。
2 彩椒洗净，切成丝。
3 葱洗净，取葱白切成小段。
4 将所有食材码好，食用时拌入烤芝麻酱即可。

Tips

●菠菜含丰富的微量元素，可促进肠道蠕动，帮助排除体内毒素。

竹笋彩椒沙拉

热量：81kcal
分量：1 人份

【食材】

竹笋 200 克，彩椒适量

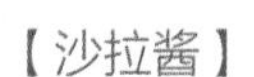

【沙拉酱】

油醋汁

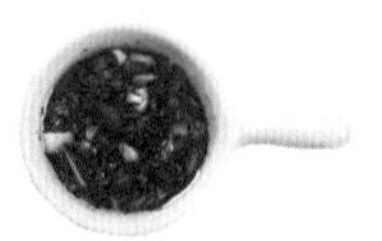

【做法】

1 竹笋洗净，切成斜段。
2 彩椒洗净，切丝。
3 锅内加水烧沸，放入竹笋段、彩椒丝焯熟后，捞起沥干装入盘中。
4 加入油醋汁拌匀后即可。

Tips

●竹笋低脂肪、低糖、多纤维，可促进肠道蠕动，帮助消化，预防大肠癌，减肥清脂。

柠香鱿鱼沙拉

热量：233kcal
分量：1人份

【食材】

鱿鱼须、土豆、胡萝卜各50克，西芹10克，柠檬片2片，开心果适量，欧芹少许，柠檬汁适量，盐3克

【沙拉酱】

塔塔酱

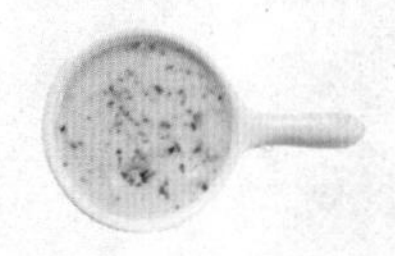

【做法】

1 土豆去皮切丁，放入加了1克盐的沸水锅中，小火煮熟后捞出。
2 胡萝卜去皮切片；西芹切丁；开心果剥壳；欧芹切碎。
3 鱿鱼须切段，放入加了2克盐的沸水锅中汆烫至熟，捞出放凉。
4 将土豆、胡萝卜、鱿鱼须、开心果、西芹放入大碗中，加入塔塔酱拌匀。
5 在沙拉盘两端放上柠檬片，将拌好的沙拉装入盘中，撒上欧芹碎即可。

Tips

●鱿鱼的营养价值非常高，富含蛋白质、钙、牛磺酸、磷、维生素B_1等多种人体所需的营养成分，且含量极高。此外，脂肪含量极低。

热量：195kcal
分量：1 人份

黑芝麻莲藕石花菜

【食材】

莲藕 180 克，水发石花菜 50 克，熟黑芝麻 5 克

【沙拉酱】

油醋汁

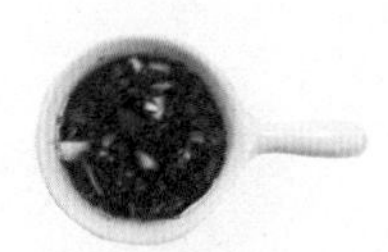

Tips

●石花菜是一种藻类，通体透明，口感脆嫩爽利，适合用来凉拌，还是提炼琼脂的主要原料。石花菜含有多种藻蛋白，还含有胡萝卜素、钾、铁、碘、磷等营养成分，具有防暑、解毒、清热等作用。这道黑芝麻拌莲藕石花菜口感脆爽，咸香可口，吃起来相当开胃哦！

【做 法】

1 莲藕去皮，切成片，浸泡在水中，以去除多余淀粉。
2 将泡好的石花菜切碎。
3 将沥干水分的莲藕片放入沸水中汆烫约半分钟。
4 倒入切好的石花菜，汆烫约半分钟至食材断生。
5 捞出莲藕片和石花菜，浸泡在凉开水中降温。
6 将莲藕片和石花菜沥干水分，装碗，加入油醋汁、黑芝麻，拌匀即可。

韭菜牛肉沙拉

热量：219 kcal
分量：1 人份

【食材】

韭菜 50 克，牛肉卷 80 克，樱桃萝卜、白洋葱各适量，盐、胡椒粉、橄榄油各少许

【沙拉酱】

烤芝麻酱

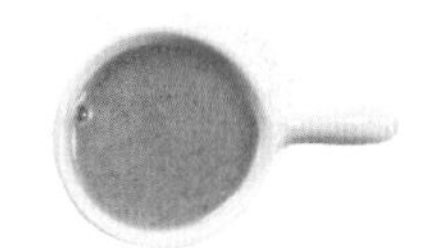

【做 法】

1 将韭菜、樱桃萝卜、白洋葱清洗干净，放入碗中备用。
2 把韭菜切段，樱桃萝卜切薄片，白洋葱切丝。
3 韭菜入热水锅中焯煮片刻，捞出。
4 锅中注橄榄油烧热，放入牛肉卷炒至变色，撒入盐、胡椒粉炒匀，盛出。
5 把韭菜摆在盘中，再放上牛肉。
6 佐以樱桃萝卜薄片、白洋葱丝，淋上烤芝麻酱即可。

Tips

●新鲜牛肉呈有光泽的均匀红色，脂肪呈白色或乳黄色。

热量：281 kcal
分量：1 人份

香辣牛舌沙拉

【食材】

牛舌 80 克，南瓜 60 克，黄瓜 40 克，红椒 20 克，香菜适量，白芝麻 15 克，盐少许

【沙拉酱】

番茄醋汁

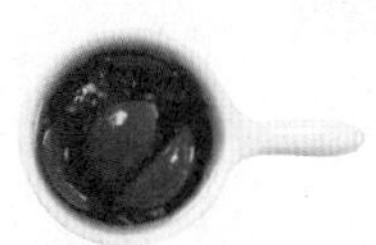

【做 法】

1 牛舌用盐腌渍片刻，放入沸水中焯熟，捞出，晾凉，切成小块。
2 南瓜洗净，去皮，切成薄片，放入沸水中烫熟，捞出晾凉。
3 黄瓜洗净，去皮，切成薄片。
4 红椒洗净，切成丝。
5 香菜洗净，切成小段。
6 将食材放入碗中，拌匀，撒上白芝麻，食用时蘸取番茄醋汁即可。

Tips

●切薄片时可用多功能刨丝器，这样切出来的片会比较薄。

菠菜金枪鱼沙拉

热量：575 kcal
分量：2 人份

【食材】

罐装金枪鱼 200 克，菠菜、芝士各 100 克

【沙拉酱】

塔塔酱

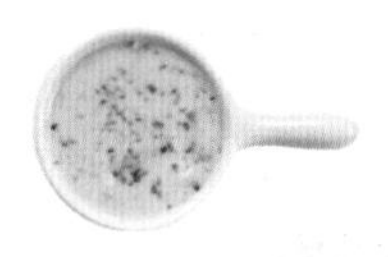

【做 法】

1 菠菜洗净，入锅中焯熟，捞出沥干水分，摘下嫩叶，装入盘中垫底。
2 将芝士切成小方块待用。
3 将金枪鱼肉从罐头中取出，装入碗中。
4 把金枪鱼肉、芝士放到菠菜上。
5 淋上塔塔酱即可。

Tips

●金枪鱼罐头中的油分较多，可用厨房用纸吸去。

美心金枪鱼沙拉

热量：91 kcal
分量：1 人份

【食材】

番茄 120 克，金枪鱼罐头、罗勒叶各适量

【沙拉酱】

油醋汁

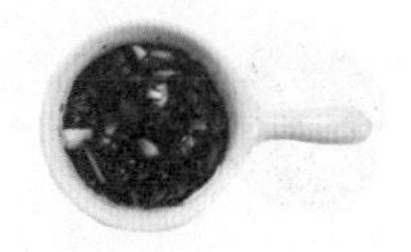

【做法】

1 番茄洗净，切块备用。
2 将金枪鱼罐头打开，取出鱼肉，沥干汁水后用刀叉绞碎。
3 罗勒叶洗净，控干水分。
4 将番茄摆入盘中，然后放上鱼肉，饰以罗勒叶。
5 淋入油醋汁，拌匀即可。

Tips

●番茄富含维生素，其中的维生素 B 群可促进脂肪代谢，同时还含有丰富的果胶等膳食纤维，让人容易有饱足感，纤维不但无法被肠胃消化，还会吸附多余脂肪一起排出。

鸡胸肉西芹沙拉

热量：214 kcal
分量：1 人份

【食材】

鸡胸肉 100 克，黄瓜 50 克，西芹 40 克，红辣椒 1 个，蒜、盐、胡椒粉各适量

【沙拉酱】

油醋汁

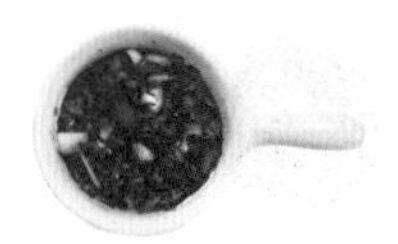

【做 法】

1 把 4 杯水、盐、胡椒粉和蒜放入锅中，水沸后放入鸡胸肉，开中大火煮沸后继续煮 15 分钟，捞出鸡胸肉，放凉后沥干，顺着纹路撕成条。
2 黄瓜切成斜片。
3 西芹去掉叶子，切斜片。
4 红辣椒切成圈。
5 将所有食材盛入盘中，淋上油醋汁，食用时拌匀即可。

Tips

●西芹富含矿物质及多种维生素，具有润肤、抗衰老等功效。

热量：213 kcal
分量：1 人份

洋葱番茄鸡肉沙拉

【食材】

鸡腿肉 50 克，洋葱 20 克，番茄 1 个，小葱 1 根，柠檬汁 5 毫升，盐、黑胡椒各 2 克

【沙拉酱】

塔塔酱

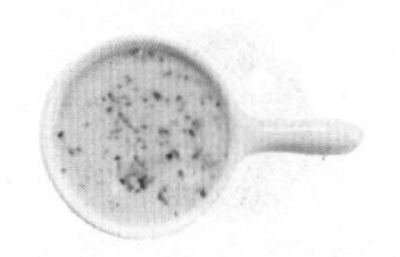

【做法】

1 鸡腿肉表面切花刀，撒上盐、黑胡椒腌渍片刻备用。
2 将腌好的鸡腿肉放入热油锅中两面煎熟，取出切成块。
3 番茄洗净，切小块。
4 洋葱洗净，切成圈。
5 小葱切葱花。
6 将番茄、鸡腿肉、洋葱圈放入碗中，加入柠檬汁，撒上葱花，食用时蘸取塔塔酱即可。

Tips

●鸡腿肉的肉质鲜嫩，但热量较高，不建议多食。

鸭胸肉核桃沙拉

热量：442 kcal
分量：2 人份

【食材】

鸭胸肉 150 克，核桃仁 30 克，抱子甘蓝 30 克，紫苏苗、橙皮末各少许，蜂蜜、盐、黑胡椒碎、橄榄油各适量

【沙拉酱】

番茄醋汁

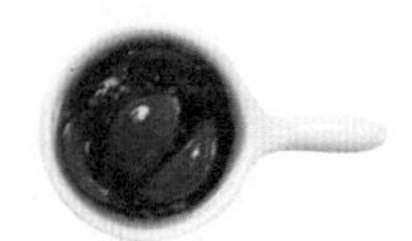

【做 法】

1 抱子甘蓝、紫苏苗、鸭胸肉洗净，备用。
2 把抱子甘蓝对半切开；鸭胸肉加入盐、黑胡椒碎抹匀，腌渍片刻。
3 热锅倒入蜂蜜，炒至变色，放入核桃裹匀糖浆，撒上少许橙皮末，取出，冷却。
4 锅内放入橄榄油烧热，放入鸭胸肉，有皮的一面朝下，小火煎至其表皮微焦，盛出，切片；再放入抱子甘蓝，稍煎片刻，盛出。
5 把鸭胸肉、紫苏苗、蜂蜜、核桃仁、抱子甘蓝、橙皮末摆入盘中，淋入番茄醋汁即可。

Tips

●鸭肉去皮煎制可降低菜肴的脂肪含量。

牛油果蟹肉沙拉

热量：260 kcal
分量：1 人份

【食材】

牛油果 50 克，蟹肉棒 70 克，圣女果 40 克，紫苏苗、固体酸奶各适量

【沙拉酱】

酸奶酱

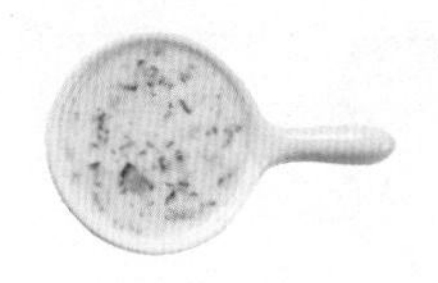

【做 法】

1 把圣女果、紫苏苗洗净，备用。
2 牛油果去核、切片，再用圆形模具切成小圆片；圣女果切片。
3 锅中注水烧开，放入蟹肉棒，煮 3 分钟，取出放凉，撕成丝，装碗。
4 把固体酸奶倒入装有蟹肉丝的碗中搅拌均匀，用模具压成圆柱形，摆入盘中。
5 将牛油果片、圣女果片、紫苏苗装盘，食用时淋入酸奶酱即可。

Tips

●用模具压蟹肉丝时，多余酸奶会被挤压出来，用厨房用纸吸干即可。

鲜虾至味沙拉

热量：133 kcal
分量：1 人份

【食 材】

鲜虾 5 只，圣女果 20 克，黄甜椒半颗，黄瓜 40 克，迷迭香少许

【沙拉酱】

塔塔酱

【做 法】

1 鲜虾放入沸水中焯熟。
2 圣女果对半切开，备用。
3 黄瓜洗净去皮，切成丁。
4 黄甜椒洗净，切成丁。
5 将所有食材放入碗中，装饰上迷迭香，食用时拌上塔塔酱即可。

Tips

●鲜虾可先挑出虾线。

热量：127 kcal
分量：1 人份

虾仁菠菜沙拉

【食材】

菠菜 150 克，鲜虾仁 100 克，洋葱 50 克，盐、醋各适量

【沙拉酱】

莎莎酱

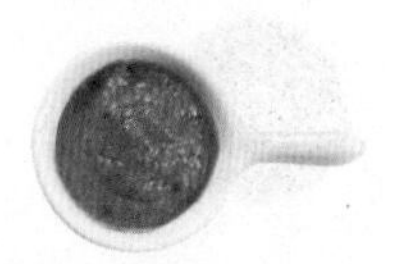

【做法】

1 菠菜去掉根部，用清水洗净后沥干备用；洋葱切条。
2 菠菜放入烧沸的醋水（4 杯水、1/2 大勺醋）中焯 1 分钟。
3 虾仁放入烧沸的盐水（4 杯水、1/2 大勺盐）中焯 1 分钟。
4 焯好的虾仁用清水冲洗后沥干，剖成两半。
5 菠菜、虾仁、洋葱盛入盘中，淋上莎莎酱，搅拌均匀即可。

Tips

●菠菜具有促进人体新陈代谢、延缓衰老、美肤洁肤的功效。

鲜虾莲藕沙拉

热量：150 kcal
分量：1 人份

【食材】

莲藕 100 克， 鲜虾仁 8 个，洋葱 50 克，盐少许，醋适量

【沙拉酱】

番茄醋汁

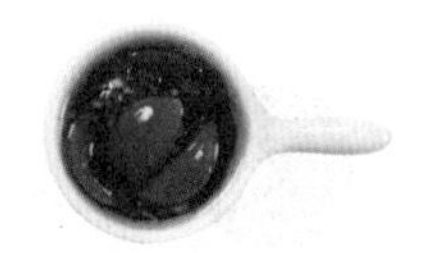

【做 法】

1 莲藕削皮，切片；洋葱切丝。
2 莲藕放入烧沸的醋水（6 杯水、3 大勺白醋）中焯 1 分钟。
3 虾仁放入烧沸的盐水（4 杯水、1/2 大勺盐）中焯 1 分钟。
4 焯好的虾仁用清水冲洗后沥干，剖成两半。
5 莲藕、虾仁、洋葱盛入盘中。
6 食用时拌入番茄醋汁即可。

Tips

●鲜虾含有维生素 A 和 B 族维生素，可保护视力，消除疲劳。

紫甘蓝生菜沙拉

热量：124k cal
分量：1 人份

【食材】

紫甘蓝、生菜各 75 克，胡萝卜 50 克

【沙拉酱】

莎莎酱

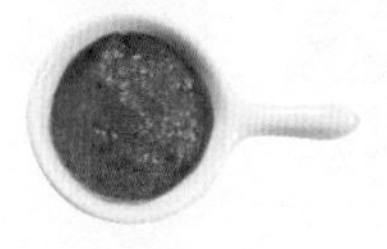

【做 法】

1 将紫甘蓝、生菜、胡萝卜分别洗净，切丝备用。
2 将食材均装入盘中。
3 食用时拌入莎莎酱即可。

Tips

●紫甘蓝含有大量的纤维素，经常食用能够增强胃肠功能，促进肠道蠕动。

紫甘蓝胡萝卜沙拉

热量：64 kcal
分量：1 人份

【食材】

胡萝卜 50 克，紫甘蓝 100 克，香菜叶 5 克

【沙拉酱】

凯撒酱

【做法】

1 胡萝卜洗净，去皮，切丝。
2 紫甘蓝洗净，切丝。
3 香菜叶洗净，沥干水分。
4 将食材摆入盘中，淋入凯撒酱，食用时拌匀即可。

Tips

●这道沙拉营养美味，热量低，很适合瘦身者食用。

热量：226 kcal
分量：1 人份

紫甘蓝鲈鱼沙拉

【食材】

鲈鱼 150 克，紫甘蓝 100 克，圆生菜 100 克，盐少许

【沙拉酱】

油醋汁

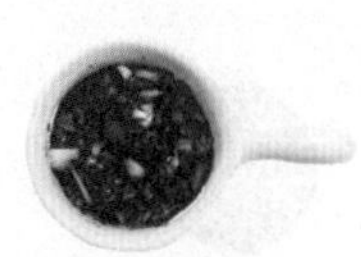

【做 法】

1 将鲈鱼腌渍 5 分钟，蒸熟备用。
2 将所有蔬菜洗净沥干，切成 6 份，备用。
3 蔬菜放入沸水中焯 1 分钟。
4 将鲈鱼与蔬菜放入盘中，加入适量盐、油醋汁拌匀即可。

Tips

●鲈鱼可补充蛋白质和维生素，美容养颜。

紫甘蓝鸡胸肉沙拉

热量：123 kcal
分量：1 人份

【食 材】

紫甘蓝、生菜各 30 克，鸡胸肉 50 克，圣女果 1 颗，辣椒油 2 毫升，花椒少许

【沙拉酱】

莎莎酱

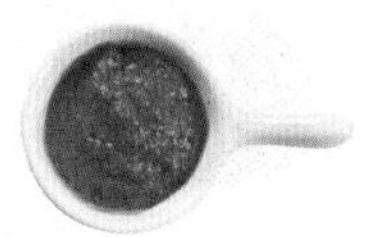

【做 法】

1 紫甘蓝、生菜分别洗净，切成丝，放入沸水中焯熟，捞出，沥干晾凉。
2 鸡胸肉切成小块，放入沸水中焯熟，捞出。
3 圣女果对半切开。
4 将食材放入盘中，淋上辣椒油，拌匀，撒上花椒，以圣女果饰盘边。
5 食用时拌入莎莎酱即可。

Tips

●紫甘蓝营养丰富，且含热量较低，含有大量的纤维素，能增强肠胃功能，促进肠胃蠕动，以及降低胆固醇水平。

猪肉紫甘蓝沙拉

热量：132 kcal
分量：1 人份

【食材】

紫甘蓝、卷心菜各 30 克，猪肉 50 克，盐 2 克，淀粉 5 克，橄榄油 5 毫升，黑胡椒少许

【沙拉酱】

番茄醋汁

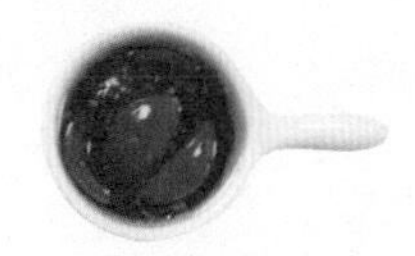

【做 法】

1 猪肉切成小块，抹上淀粉、盐、黑胡椒，腌渍片刻。
2 紫甘蓝、卷心菜分别洗净，用手撕成大片，放入盘中。
3 锅中放入橄榄油，烧至六成热。
4 将腌好的猪肉放入锅中，煎熟。
5 盛出放在盘中，食用时淋上番茄醋汁即可。

Tips

●猪肉腌渍时间可以长一些，更易入味。

番茄果味沙拉

热量：100 kcal
分量：1 人份

【食材】

番茄 100 克，苹果、火龙果各 40 克，柠檬汁少许

【沙拉酱】

酸奶酱

【做法】

1 苹果清洗干净后去核，切成块。
2 番茄洗净切块。
3 火龙果去皮，切块。
4 将苹果块、番茄块、火龙果块放入盘中。
5 加少许柠檬汁和酸奶酱搅拌均匀即可。

Tips

●这道沙拉有助于排出肾脏毒素，保护肾脏健康。

热量：186 kcal
分量：1 人份

香蕉草莓沙拉

【食材】

草莓 50 克，水果彩椒 20 克，香蕉 1 根，紫叶生菜、大杏仁片各少许

【沙拉酱】

橙皮酱

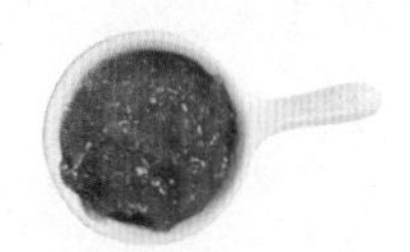

【做法】

1 把草莓、水果彩椒、紫叶生菜洗净，沥干水分。
2 将草莓去蒂，对半切开；香蕉去皮，切片；紫叶生菜撕成小块；水果彩椒切丝。
3 将大杏仁片放入烤箱中，以 180℃烤至微黄，取出。
4 将所有食材摆入盘中，食用时淋入橙皮酱即可。

Tips

●把切好的香蕉放入盐水中，可防止氧化。

芒果草莓沙拉

热量：95 kcal
分量：1 人份

【食材】

草莓 100 克，蓝莓 20 克，芒果 50 克，柠檬汁 5 毫升

【沙拉酱】

酸奶酱

【做法】

1. 草莓用清水洗净，对半切开，沥干水分。
2. 蓝莓用清水洗净。
3. 芒果用清水洗净，去皮，去核，切成块。
4. 取洗净的碗，装入以上所有食材。
5. 淋入柠檬汁，拌入酸奶酱即可。

Tips

●芒果能降低胆固醇，常食芒果有利于防治心血管疾病，有益视力，能润泽皮肤，是女士们的美容佳果。